Mathematik Kompakt

 Birkhäuser

Mathematik Kompakt

Herausgegeben von:
Martin Brokate
Karl-Heinz Hoffmann
Götz Kersting
Kristina Reiss
Otmar Scherzer
Gernot Stroth
Emo Welzl

Die Lehrbuchreihe *Mathematik Kompakt* ist eine Reaktion auf die Umstellung der Diplomstudiengänge in Mathematik zu Bachelor- und Masterabschlüssen.

Inhaltlich werden unter Berücksichtigung der neuen Studienstrukturen die aktuellen Entwicklungen des Faches aufgegriffen und kompakt dargestellt.

Die modular aufgebaute Reihe richtet sich an Dozenten und ihre Studierenden in Bachelor- und Masterstudiengängen und alle, die einen kompakten Einstieg in aktuelle Themenfelder der Mathematik suchen.

Zahlreiche Beispiele und Übungsaufgaben stehen zur Verfügung, um die Anwendung der Inhalte zu veranschaulichen.

- **Kompakt:** relevantes Wissen auf 150 Seiten
- **Lernen leicht gemacht:** Beispiele und Übungsaufgaben veranschaulichen die Anwendung der Inhalte
- **Praktisch für Dozenten:** jeder Band dient als Vorlage für eine 2-stündige Lehrveranstaltung

Folkmar Bornemann

Funktionentheorie

2. Auflage

 Birkhäuser

Folkmar Bornemann
Technische Universität München
München, Deutschland

Mathematik Kompakt
ISBN 978-3-0348-0973-3   ISBN 978-3-0348-0974-0 (eBook)
DOI 10.1007/978-3-0348-0974-0

Die Deutsche Nationalbibliothek verzeichnet diese Publikation in der Deutschen Nationalbibliografie; detaillierte bibliografische Daten sind im Internet über http://dnb.d-nb.de abrufbar.

Mathematics Subject Classification (2010): 30-01

Birkhäuser

Gedruckt auf säurefreiem und chlorfrei gebleichtem Papier.

Birkhäuser ist part of Springer Nature
Die eingetragene Gesellschaft ist Springer International Publishing AG Switzerland
(www.birkhaeuser-science.com)

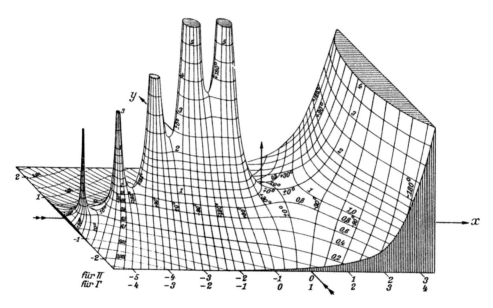

Analytische Landschaft der Gammafunktion (Jahnke und Emde 1933)

Vorwort

Die Theorie der holomorphen Funktionen einer komplexen Veränderlichen gehört zu den *Klassikern* des Curriculums, exemplarisch in Nützlichkeit und Eleganz. Leider wird sie in manchen mathematischen Studiengängen, nicht zuletzt durch den Bologna-Prozess, zugunsten „moderneren" Stoffes an den Rand gedrängt, so dass funktionentheoretische Methoden von Studierenden der Physik und Elektrotechnik heute zuweilen besser beherrscht werden als von solchen der Mathematik.

Letzterem möchte ich entgegenwirken und versuchen, auf knappem Raum nachhaltig für die Funktionentheorie und ihre methodische Kraft zu werben. Ich kann der überwältigenden Fülle exzellenter Lehrbücher zwar kaum Wesentliches hinzufügen, dafür aber die Stoffauswahl zeitgemäß und möglichst ökonomisch für die typischen Bedarfe einer zweistündigen Vorlesung im zweiten Studienjahr und eines anschließenden Seminars kompilieren: „Die größte Schwierigkeit bei der Planung eines Lehrbuches der Funktionentheorie liegt in der Auswahl des Stoffes. Man muß sich von vornherein entschließen, alle Fragen wegzulassen, deren Darstellung zu große Vorbereitungen verlangt." So schrieb es 1950 der berühmte Münchener Mathematiker Constantin Carathéodory [12] im Vorwort seines rund 300-seitigen Lehrbuches.

Mein Motto war dabei: „Funktionentheorie spart Rechnungen". Begriffliche Beweise werden solchen mit elementaren, aber aufwändigen Rechnungen vorgezogen; der Fokus liegt dabei auf Ideen und Konzepten, kein Beweis ist länger als eine Seite. Die globale Theorie wird mit Homologie statt Homotopie begründet; die Beweise sind hier durchsichtiger und die Voraussetzungen in der Praxis einfacher zu überprüfen. Ich benutze nur ein Minimum der aus der Analysis bekannten topologischen Konzepte: offene, abgeschlossene und kompakte Mengen; Wege sind stets stückweise stetig-differenzierbar; Jordan-Kurven bleiben außen vor. Abbildungseigenschaften werden betont; Visualisierung und Computereinsatz gestreift. So bleibt auch etwas Platz für zusätzliche Anwendungen, wie die Singularitätenanalyse erzeugender Funktionen.

Die zweite Auflage enthält neben Korrekturen, Ergänzungen und weiteren Aufgaben jetzt auch weiterführendes Material aus dem Umfeld der „elementaren" Beweise der Picard'schen Sätze. Hierfür habe ich Abschn. 7.3 über ganze Funktionen endlicher Ordnung und Kap. 8 über die Theorie normaler Familien (auf Grundlage des extrem effektiven Reskalierungslemmas von Lawrence Zalcman) aufgenommen.

Mein Dank gilt Christian Ludwig (TU München) für die kenntnisreiche, geschmack-
volle Gestaltung der Abbildungen und Bob Burckel (Kansas) für die detailgenaue, kriti-
sche Lektüre des gesamten Buches.

München, im Februar 2016   Folkmar Bornemann

Laboratorium der Mathematik

Zur Begleitung der Lektüre empfehle ich, sich mit Hilfe von Computer und Bibliothek ein
Laboratorium aus folgenden Werkzeugen einzurichten:

Werkzeug 1: Rechenknecht Ich werde mich auf Ideen und Konzepte konzentrieren und
daher nicht lange mit Rechnungen aufhalten, die aufgrund ihrer rein handwerklichen Natur auch von einem „Rechenknecht" übernommen werden könnten. Hierfür eignen sich
Computeralgebrasysteme wie Maple oder Mathematica; zu letzterem gibt es über *Wolfram
Alpha* einen freien „einzeiligen" Zugang im Internet. Um es gleich einmal auszuprobieren,
hier eine kleine Aufgabe: Berechne die Umkehrfunktion von

$$z \mapsto \frac{a + z}{bz - 1} \tag{1}$$

(es ist eine *Involution*) und zerlege $\sin(x + iy)$ in Real- und Imaginärteil.

Werkzeug 2: Formelsammlung Im Mai 2010 erschien nach über zehnjähriger Arbeit
unter der Leitung des damals 85-jährigen Frank Olver das 1000-seitige und drei Kilo-
gramm schwere *NIST Handbook of Mathematical Functions* [26]. Das US-amerikanische
National Institute of Standards and Technology (NIST) hat eine freie Version (DLMF)
dieser umfangreichen Formelsammlung mit zusätzlichen Features ins Internet gestellt:
So gibt es drehbare dreidimensionale Visualisierungen komplexer Funktionen (z. B. der
Sinusfunktion) oder eine Suchfunktion nach Formeln (z. B. Ungleichungen der Form
$\sin? \leq ?$).

Werkzeug 3: Lehrbuch X Um sich den Stoff zusätzlich aus einer weiteren Perspekti-
ve zeigen zu lassen, sollte ein zum eigenen Lernstil passendes Werk stets in Griffweite
liegen. Gute Beispiele finden sich im Literaturverzeichnis: Neben dem unvergleichlichen
Klassiker von Ahlfors [2] gibt es knappe Darstellungen (Jänich [18], Fischer/Lieb [15],
Sarason [30], Kapitel 10–14 im Rudin [29]), ausführliche mit unterschiedlichen Schwer-
punkten (historische Ausführungen bei Remmert/Schumacher [27], Beispiele bei Lang
[21] und Bak/Newman [5], Anwendungen bei Ablowitz/Fokas [1]) und solche mit Beson-
derheiten (Computereinsatz bei Forst/Hoffmann [14], viel Geometrie bei Needham [25],
Phasenportraits bei Wegert [36], Aufgaben bei Shakarchi [32] oder Alpay [3]).

Bei Interesse für die Geschichte der Funktionentheorie empfehle ich neben dem Lehr-buch von Remmert und Schumacher den Überblick von Stillwell [34], die historische Studien von Bottazzini [10], Smithies [33] und Verley [35] oder, erst kürzlich erschienen, die maßgebliche, umfassende Darstellung von Bottazzini/Gray [11].

Inhaltsverzeichnis

Holomorphe Funktionen

1

1.1 Leitmotive

Entre deux vérités du domaine réel, le chemin le plus facile et le plus court passe bien souvent par le domaine complexe.
(Paul Painlevé 1900)

That's right: the so-called "complex" numbers actually make things simpler.
(John Stillwell 2010)

Die „Theorie der holomorphen Funktionen einer komplexen Veränderlichen" (kurz *Funktionentheorie*, engl. „complex analysis") stellt in Eleganz, Geschlossenheit und Wirkungsmächtigkeit den unbestritten größten Triumph der Analysis des 19. Jahrhunderts dar. Selbst wenn man „nur" an reellen Ergebnissen interessiert sein sollte, leisten funktionentheoretische Methoden etwas fast Magisches:

- *kompakte* Darstellung von Formeln,
- *vertieftes* Verständnis des Funktionsverhaltens,
- *einfache* Berechnung von Grenzwerten (Integrale, Reihen, Asymptotik),
- *eleganter* Zugang zu Geometrie und Topologie der Ebene.

Die Funktionentheorie ist sowohl ein „einmaliges Geschenk an die Mathematiker" (Carl L. Siegel) als auch ein für sie und die Anwender (vor allem für Physiker und Ingenieure) unverzichtbares Werkzeug.

1.2 Prélude historique

Schlaglicht 1: Bombelli 1572 Quadratwurzeln negativer Zahlen haben die Bühne der Mathematik nicht etwa, wie man meinen könnte, im Zusammenhang quadratischer Gleichungen betreten, sondern bei der *kubischen* Gleichung $x^3 = 3px + 2q$. Gerolamo

© Springer International Publishing AG, CH 2016
F. Bornemann, *Funktionentheorie*, Mathematik Kompakt, DOI 10.1007/978-3-0348-0974-0_1

Cardano hatte 1545 in seiner *Ars magna* zu ihrer Lösung zwar die Formel

$$x = \sqrt[3]{q + \sqrt{q^2 - p^3}} + \sqrt[3]{q - \sqrt{q^2 - p^3}}$$

angegeben, wusste aber nicht, wie er sie im *Casus irreducibilis* $p^3 > q^2$ hätte anwenden sollen (also, wie wir heute wissen, genau im Fall dreier *reeller* Lösungen): Er hätte nämlich mit jenen Quadratwurzeln negativer Zahlen rechnen müssen, denen er für die quadratische Gleichung eine entschiedene Absage erteilt hatte: „adeo est subtile, ut sit inutile" (lat.: so raffiniert wie nutzlos). Es blieb Cardanos Landsmann Rafael Bombelli vorbehalten, 1572 in seiner *Algebra* die „cosa stravagante" (ital.: extravagante Idee) zu wagen und im Beispiel $x^3 = 15x + 4$ durch formales Rechnen die bereits „erratene" Lösung

$$x = \sqrt[3]{2 + 11i} + \sqrt[3]{2 - 11i} = (2 + i) + (2 - i) = 4$$

zu bestätigen.[1] So formulierte er korrekt die Regeln der Arithmetik komplexer Zahlen zu einer Zeit, in der man negative Zahlen noch durch Umformulierung oder Fallunterscheidung peinlich zu vermeiden suchte und sich über Rechenregeln wie „Minus × Minus = Plus" stritt.

Schlaglicht 2: Bernoulli 1712 Mutige Leute rechneten seit Bombellis Zeiten „sophistisch" mit diesen Zahlen, die ihnen aber höchst suspekt blieben und deshalb „unmöglich", „absurd", „eingebildet", „fiktiv" oder „imaginär" genannt wurden (letztere Bezeichnung blieb dann kleben). Ein solcher Held war Johann Bernoulli, der 1712 einen Weg fand, um $y = \tan n\phi$ als Funktion von $x = \tan \phi$ auszudrücken. Mit $\arctan y = n \arctan x$ erhält er nach Differentiation zunächst

$$\frac{dy}{1 + y^2} = n \frac{dx}{1 + x^2}. \tag{1.2.1}$$

Nun kommt der mutige Schritt: Bernoulli verwendet auf beiden Seiten die *komplexe* Partialbruchzerlegung

$$\frac{1}{1 + z^2} = \frac{1/2}{1 + iz} + \frac{1/2}{1 - iz} \tag{1.2.2}$$

und integriert (1.2.1) anschließend zu (die Integrationskonstante ist Null)

$$\log(1 + iy) - \log(1 - iy) = n\Big(\log(1 + ix) - \log(1 - ix) \Big),$$

obwohl damals niemandem recht klar war, was ein Logarithmus komplexer Zahlen überhaupt ist.[2] Munter verwendet er weiterhin die ihm vertrauten Rechenregeln für den Logarithmus („Permanenzprinzip") und erhält

$$\frac{1 + iy}{1 - iy} = \left(\frac{1 + ix}{1 - ix} \right)^n.$$

---

[1] François Viète löste den Casus irreducibilis 1591 durch $x = 2\sqrt{p}\cos(\phi/3)$, $\cos \phi = q/\sqrt{p^3}$.
[2] Er stritt mit Gottfried W. Leibniz von 1700 bis zu dessen Tod 1716 über den Wert von $\log(-1)$.

Noch schnell nach y aufgelöst und er bekommt schließlich

$$y = \frac{1}{i} \cdot \frac{(1+ix)^n - (1-ix)^n}{(1+ix)^n + (1-ix)^n} = \frac{\operatorname{Im}(1+ix)^n}{\operatorname{Re}(1+ix)^n}. \qquad (1.2.3)$$

Ausgeschrieben lautet das beispielsweise für $n = 3$ und $n = 4$

$$\tan 3\phi = \frac{3\tan\phi - \tan^3\phi}{1 - 3\tan^2\phi}, \qquad \tan 4\phi = \frac{4\tan\phi - 4\tan^3\phi}{1 - 6\tan^2\phi + \tan^4\phi}.$$

Schlaglicht 3: Euler 1748 Es war schließlich Leonhard Euler, der nicht nur die Klaviatur komplexer Zahlen virtuos wie kein Zweiter bespielte (und 1777 die Notation $i = \sqrt{-1}$ einführte), sondern auch erkannte, wie man der Auswertung vertrauter Funktionen f für komplexes z eine Bedeutung geben kann: Er setzte nämlich z in die *Potenzreihendarstellung* von f ein und konnte damit gänzlich im Bereich der Arithmetik bleiben (Konvergenzbetrachtungen spielten noch keine Rolle). So gelangte er 1748 zu seiner berühmten Formel

$$e^{i\phi} = \cos\phi + i\sin\phi, \qquad (1.2.4)$$

indem er $z = i\phi$ in die Potenzreihe

$$\exp(z) = \sum_{n=0}^{\infty} \frac{z^n}{n!}$$

der Exponentialfunktion einsetzte, die Terme nach geraden und ungeraden Potenzen sortierte und die Reihen von Kosinus und Sinus wiedererkannte. Durch die Betrachtung von $e^{i\phi}$ gelangte nun soviel Kohärenz in das Formelwerk der trigonometrischen Funktionen (auch Bernoullis Formel (1.2.3) und Viètes Lösung des Casus irreducibilis sind einfache Folgerungen), dass die Mathematiker einen ganz wesentlichen Schritt vorankamen, um komplexe Zahlen letztlich als Werkzeug zu akzeptieren.[3] Euler erkannte anhand seiner Formel auch als erster die *Mehrwertigkeit* des komplexen Logarithmus, die uns später noch ausführlich beschäftigen wird.

---

[3] Selbst Euler musste noch um Worte ringen, wenn er die „Natur" der komplexen Zahlen erklären sollte, so 1770 im § 145 seiner „Anleitung zur Algebra":

> Gleichwohl aber werden sie unserm Verstand dargestellt, und finden in unserer Einbildung statt; daher sie auch blos eingebildete Zahlen genennt werden. Ungeachtet aber diese Zahlen, als z.E. $\sqrt{-4}$, ihrer Natur nach ganz und gar ohnmöglich sind, so haben wir doch einen hinlänglichen Begriff, indem wir wissen, daß dadurch eine solche Zahl angedeutet werde, welche mit sich selbsten multiplicirt zum Product -4 hervorbringe; und dieser Begriff ist zureichend, um diese Zahlen [...] gehörig zu behandeln.

1.3   Komplexe Zahlen

In den Grundvorlesungen werden – wie seit William R. Hamilton (1835) üblich – komplexe Zahlen als *Paare* $x + iy = (x, y)$ reeller Zahlen mit den aus $i^2 = -1$ abgeleiteten Rechenregeln

$$(x_1, y_1) + (x_2, y_2) = (x_1 + x_2, y_1 + y_2),$$
$$(x_1, y_1) \cdot (x_2, y_2) = (x_1 x_2 - y_1 y_2, x_1 y_2 + y_1 x_2),$$

definiert. Mit dieser Multiplikation ausgestattet wird der $\mathbb{R}$-Vektorraum $\mathbb{R}^2$ zum *Körper* der komplexen Zahlen $\mathbb{C}$. Schon Caspar Wessel (1798), Jean-Robert Argand (1806) und Carl F. Gauß (1811) identifizierten die komplexe Zahl $z = x + iy$ mit dem Punkt (x, y) der euklidischen Ebene (fortan *Gauß'sche Zahlenebene* oder *komplexe Ebene* genannt) und gaben einfache geometrische Konstruktionen für die Rechenregeln. Aus der Euler'schen Formel folgt die elegante Darstellung komplexer Zahlen $z \neq 0$ in *Polarkoordinaten* (siehe Abb. 1.1):[4]

$$z = x + iy = r e^{i\phi}, \qquad r = |z|, \qquad \phi = \arg z.$$

Jeder solche Winkel ϕ heißt ein *Argument* von z; er ist nur bis auf ganzzahlige Vielfache von 2π eindeutig bestimmt. Das eindeutig festgelegte $\phi \in (-\pi, \pi]$ heißt *Hauptzweig* des Arguments von z und wird mit $\operatorname{Arg} z$ bezeichnet.

Matrixdarstellung komplexer Zahlen Die $\mathbb{C}$-lineare Multiplikation $w \in \mathbb{C} \mapsto z \cdot w \in \mathbb{C}$ mit einer gegebenen komplexen Zahl $z = x + iy \in \mathbb{C}$ ist natürlich erst recht eine $\mathbb{R}$-lineare Abbildung auf $\mathbb{R}^2$ und wird daher durch eine Matrix $A_z \in \mathbb{R}^{2 \times 2}$ vermittelt. Wenden wir A_z auf die Basiselemente $1 = (1, 0)^T$ und $i = (0, 1)^T$ an, so bekommen wir unmittelbar (geschrieben als Spaltenvektoren bzw. elementweise)

$$A_z = (z \mid iz) = \begin{pmatrix} x & -y \\ y & x \end{pmatrix}. \tag{1.3.1a}$$

Da die Multiplikation in $\mathbb{C}$ assoziativ und distributiv ist, ist $z \mapsto A_z$ multiplikativ ($A_{z \cdot w} = A_z \cdot A_w$) und additiv ($A_{z+w} = A_z + A_w$); $z \mapsto A_z$ besitzt ferner einen trivialen Kern und

---

[4] Ich erinnere an die Standardnotationen

$$|z| = \sqrt{x^2 + y^2}, \qquad \overline{z} = x - iy, \qquad x = \operatorname{Re} z, \qquad y = \operatorname{Im} z,$$

für Betrag, konjugiert komplexe Zahl, Realteil und Imaginärteil von $z \in \mathbb{C}$.

Abb. 1.1 Bezeichnungen in
der komplexen Ebene $\mathbb{C}$

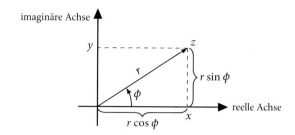

vermittelt somit den *Körper-Isomorphismus*

$$\mathbb{C} \cong \mathbb{C}' = \left\{ A_z \in \mathbb{R}^{2 \times 2} : z \in \mathbb{C} \right\}, \tag{1.3.1b}$$

die *Matrixdarstellung* oder *duale Darstellung* von $\mathbb{C}$. Für eine durch die Spaltenvektoren $z_1, z_2 \in \mathbb{C}$ gegebene Matrix $A = (z_1 \mid z_2) \in \mathbb{R}^{2 \times 2}$ gilt offenbar:

$$A = (z_1 \mid z_2) \in \mathbb{C}' \iff z_2 = i z_1 \iff 0 = \frac{1}{2}(z_1 + i z_2), \tag{1.3.2a}$$

$$A = (z_1 \mid z_2) \in \mathbb{C}' \implies A = A_z \text{ mit } z = z_1 = \frac{1}{2}(z_1 - i z_2). \tag{1.3.2b}$$

Geometrische Deutung der komplexen Multiplikation   Die Polardarstellung $z = r e^{i\phi}$ einer komplexen Zahl $z \neq 0$ übersetzt sich nach (1.3.1a) in die Matrixdarstellung

$$A_z = r \begin{pmatrix} \cos\phi & -\sin\phi \\ \sin\phi & \cos\phi \end{pmatrix}.$$

Wir sehen also, dass die Multiplikation mit $z \neq 0$ eine *Drehstreckung* ist: Einer Drehung um den Winkel ϕ folgt die Streckung um den Faktor $r > 0$. Winkel bleiben dabei erhalten, Größenverhältnisse können sich ändern.

1.4   Differenzierbarkeit

Die komplexe Differenzierbarkeit wird für Funktionen $f : U \to \mathbb{C}$ auf einem *Bereich* $U \subset \mathbb{C}$ (d.h. eine nichtleere offene Teilmenge) völlig analog zur Differenzierbarkeit auf einem Bereich der reellen Achse definiert:

Definition 1.4.1

Die Funktion f heißt *komplex differenzierbar* an der Stelle $z_0 \in U$, wenn

$$f'(z_0) = \lim_{z \to z_0} \frac{f(z) - f(z_0)}{z - z_0} \tag{1.4.1}$$

existiert[5]; wir benutzen hierfür auch die vertraute Schreibweise

$$\frac{df}{dz}(z_0).$$

Ist f überall im Bereich U komplex differenzierbar, so nennen wir f *holomorph* und schreiben $f \in H(U)$. Wie gewohnt heißt f' die *Ableitung* von f und f ist eine *Stammfunktion* von f'.

Mit wörtlich den gleichen Beweisen wie in der reellen Analysis (man ersetze beim Lesen gedanklich reelle durch komplexe Variable) überzeugt man sich, dass differenzierbare Funktionen *stetig* sind und nach wie vor Summen-, Produkt-, Quotienten- und Kettenregel gelten: Sind $f, g \in H(U)$, so gilt $f + g$, $f \cdot g \in H(U)$, und falls g keine Nullstellen in U besitzt, so ist auch $f/g \in H(U)$ mit den Ableitungen

$$(f+g)' = f' + g', \qquad (f \cdot g)' = f' \cdot g + f \cdot g', \qquad \left(\frac{f}{g}\right)' = \frac{f'g - fg'}{g^2};$$

sind $U \xrightarrow{f} V \xrightarrow{g} \mathbb{C}$ holomorph, so ist auch $g \circ f \in H(U)$ mit der Ableitung

$$(g \circ f)' = (g' \circ f) \cdot f'.$$

Da konstante Funktionen und die Identität id : $z \mapsto z$ holomorph mit den Ableitungen 0 und 1 sind, liefern Polynome mit komplexen Koeffizienten auf ganz $\mathbb{C}$ holomorphe Funktionen; *rationale Funktionen* (Quotienten von Polynomen) sind holomorph auf jedem Bereich U, der keine Nullstellen des Nennerpolynoms enthält; die Ableitungen berechnen sich in beiden Fällen genau wie bei der reellen Differentiation.

1.5   Potenzreihen

Weitere (und lokal letztendlich sämtliche) Beispiele holomorpher Funktionen liefern die *Potenzreihen* der Form

$$\sum_{n=0}^{\infty} a_n (z - z_0)^n. \tag{1.5.1}$$

Aus der Analysis ist bekannt, dass es ein $R \in [0, \infty]$ gibt, so dass die Reihe für $z \in \mathbb{C}$ mit $|z - z_0| < R$ (absolut) konvergiert und für $|z - z_0| > R$ divergiert. Dieser *Konvergenzradius* bestimmt sich aus dem Wurzelkriterium durch die Formel von Cauchy-Hadamard:

$$R^{-1} = \limsup_{n \to \infty} \sqrt[n]{|a_n|}. \tag{1.5.2}$$

---

[5] Im Unterschied zur Differenzierbarkeit auf der reellen Achse nähert sich z dem Punkt z_0 hier nicht nur entlang einer Geraden, sondern *beliebig* in der komplexen Ebene. Diese „Freiheit der mathematischen Bewegung" (Leopold Kronecker 1894) macht die komplexe Differenzierbarkeit zu einem ungleich mächtigeren Werkzeug.

Definition 1.5.1

Eine auf dem Bereich $U \subset \mathbb{C}$ definierte Funktion f heißt *durch Potenzreihen in U darstellbar*, wenn es zu *jeder* Kreisscheibe $B_r(z_0) \subset U$ eine Reihe der Form (1.5.1) gibt, die dort punktweise gegen f konvergiert.

Satz 1.5.2 *Ist f durch Potenzreihen in U darstellbar, dann ist $f \in H(U)$ und die Ableitung f' ist ebenfalls durch Potenzreihen in U darstellbar. Ist nämlich*

$$f(z) = \sum_{n=0}^{\infty} a_n(z - z_0)^n$$

für alle $z \in B_r(z_0)$, so darf die Reihe für diese z gliedweise differenziert werden:

$$f'(z) = \sum_{n=1}^{\infty} n a_n(z - z_0)^{n-1}. \tag{1.5.3}$$

Beweis Wegen $\sqrt[n]{n} \to 1$ lässt die gliedweise Differentiation den Konvergenzradius einer Potenzreihe unverändert, wir bezeichnen die Summe der neuen Reihe mit $g(z)$. Wir müssen $f' = g$ auf $B_r(z_0)$ zeigen; ohne Einschränkung sei $z_0 = 0$. Wir fixieren $w \in B_r(z_0)$ und wählen ρ so, dass $|w| < \rho < r$. Für $z \neq w$ gilt

$$\frac{f(z) - f(w)}{z - w} - g(w) = \sum_{n=1}^{\infty} a_n \left(\frac{z^n - w^n}{z - w} - n w^{n-1} \right).$$

Der geklammerte Term ist zwar ein $O(z - w)$, wegen der Summation müssen wir aber die Abhängigkeit von n abschätzen: Er ist 0 für $n = 1$ und berechnet sich für $n \geq 2$ zu

$$(z - w) \sum_{k-1}^{n-1} k \, w^{k-1} z^{n-k-1}. \tag{1.5.4}$$

Er besitzt daher für $|z| < \rho$ einen Absolutbetrag kleiner als $|z - w| n^2 \rho^{n-2}$, so dass schließlich

$$\left| \frac{f(z) - f(w)}{z - w} - g(w) \right| \leq |z - w| \sum_{n=2}^{\infty} n^2 |a_n| \rho^{n-2};$$

auch diese letzte Reihe konvergiert wegen $\rho < r$ nach dem Wurzelkriterium. Für $z \to w$ erhalten wir so die komplexe Differenzierbarkeit von f in w mit Ableitung $f'(w) = g(w)$. Da $w \in B_r(z_0)$ beliebig war, ist alles bewiesen. □

Mit dem Entwicklungssatz 2.5.2 werden wir die bemerkenswerte Umkehrung dieses Sachverhalts kennenlernen: *Jedes $f \in H(U)$ ist durch Potenzreihen in U darstellbar.* Tatsächlich lässt sich ein Großteil der klassischen Funktionentheorie begrifflich einfach und weitgehend algebraisch als eine Theorie der Potenzreihen aufbauen; dieser Zugang heißt zu Ehren seines Pioniers „Weierstraß'scher Standpunkt".

Das gliedweise Differenzieren von Potenzreihen kann natürlich iteriert werden, im Rahmen des obigen Satzes erhalten wir für $z \in B_r(z_0)$, dass[6]

$$f^{(k)}(z) = \sum_{n=k}^{\infty} n^{\underline{k}} a_n (z - z_0)^{n-k}.$$

Insbesondere lassen sich die a_n mit Hilfe der Taylor'schen Formel *eindeutig* rekonstruieren (wir sprechen von den Taylorkoeffizienten und der Taylorreihe von f):

$$f^{(n)}(z_0) = n! \, a_n \qquad (n = 0, 1, 2, \ldots). \tag{1.5.5}$$

Beispiel
Die Exponentialfunktion

$$e^z = \sum_{n=0}^{\infty} \frac{z^n}{n!}$$

ist auf ganz $\mathbb{C}$ holomorph, es gilt $\frac{d}{dz} e^z = e^z$. Ebenso sind

$$\cos z = \sum_{n=0}^{\infty} (-1)^n \frac{z^{2n}}{(2n)!}, \qquad \sin z = \sum_{n=0}^{\infty} (-1)^n \frac{z^{2n+1}}{(2n+1)!}, \tag{1.5.6}$$

holomorph auf ganz $\mathbb{C}$; ihre Ableitungen erfüllen $\cos' = -\sin$, $\sin' = \cos$.

Definition 1.5.3

Eine auf ganz $\mathbb{C}$ holomorphe Funktion heißt *ganz*. Eine ganze Funktion, die kein Polynom ist, heißt ganze *transzendente* Funktion.

1.6 Cauchy-Riemann'sche Differentialgleichungen

Nach der Definition 1.4.1 ist eine Funktion $f : U \subset \mathbb{C} \to \mathbb{C}$ genau dann in $\zeta \in U$ *komplex* differenzierbar, wenn

$$f(z) = f(\zeta) + f'(\zeta) \cdot (z - \zeta) + o(z - \zeta) \qquad (z \to \zeta).$$

---

[6] Ich verwende die Knuth'sche Schreibweise der *fallenden Faktoriellen*:

$$n^{\underline{k}} = n(n-1) \cdots (n - k + 1).$$

Der Punkt bezeichnet dabei das Produkt komplexer Zahlen. Identifizieren wir jedoch $\mathbb{C} = \mathbb{R}^2$, so ist f genau dann (total) *reell* differenzierbar, wenn

$$f(z) = f(\zeta) + Df(\zeta) \cdot (z - \zeta) + o(z - \zeta) \qquad (z \to \zeta).$$

Jetzt bezeichnet der Punkt das *Matrix-Vektor-Produkt* mit der Jacobimatrix $Df(\zeta) \in \mathbb{R}^{2\times 2}$. Ein solches Produkt entspricht nach Abschn. 1.3 genau dann der Multiplikation mit einer komplexen Zahl, wenn $Df(\zeta) \in \mathbb{C}'$; zerlegen wir $Df = (\partial_x f \,|\, \partial_y f)$ in Spaltenvektoren, so ist das nach (1.3.2) äquivalent zur komplexen *Cauchy-Riemann'schen Differentialgleichung*

$$\overline{\partial} f(\zeta) = 0, \qquad \overline{\partial} = \frac{1}{2}\left(\partial_x + i\,\partial_y\right);$$

die komplexe Ableitung ist dann

$$f'(\zeta) = \partial f(\zeta), \qquad \partial = \frac{1}{2}\left(\partial_x - i\,\partial_y\right).$$

Dabei heißen ∂ und $\overline{\partial}$ Wirtinger- oder Dolbeault-Operatoren. Wir haben also folgende *Charakterisierung* holomorpher Funktionen bewiesen:

Satz 1.6.1 *Es gilt genau dann* $f \in H(U)$, *wenn* f *in* U *reell differenzierbar ist und dort die Cauchy-Riemann'sche Differentialgleichung* $\overline{\partial} f = 0$ *erfüllt. Dann gilt zudem* $f' = \partial f$.

Zerlegen wir analog zur Variablen $z = x + iy$ auch den Funktionswert in Real- und Imaginärteil, $f(z) = u(x, y) + i\,v(x, y)$, so lautet die Jacobimatrix

$$Df = \begin{pmatrix} \partial_x u & \partial_y u \\ \partial_x v & \partial_y v \end{pmatrix}.$$

Die zu $\overline{\partial} f = 0$ äquivalente Bedingung $Df(z) \in \mathbb{C}'$ kann daher nach (1.3.1a) auch in Form der *reellen* Cauchy-Riemann'schen Differentialgleichungen

$$\partial_x u = \partial_y v, \qquad \partial_y u = -\partial_x v, \tag{1.6.1}$$

ausgeschrieben werden. In diesem Zusammenhang erinnere ich an ein nützliches *hinreichendes* Kriterium für die reelle Differenzierbarkeit von f: Diese folgt aus der Stetigkeit der partiellen Ableitungen $\partial_x u, \partial_x v, \partial_y u, \partial_y v$.

Topologischer Einschub: Gebiete Ein Bereich $U \subset \mathbb{C}$ heißt *Gebiet*, wenn er wegweise zusammenhängend ist, sich also je zwei Punkte z_0, $z_1 \in U$ durch einen stückweise stetig differenzierbaren Weg $\gamma : [0, 1] \to U$ verbinden lassen: $\gamma(0) = z_0$ und $\gamma(1) = z_1$.

Lemma 1.6.2 *Es sei $U \subset \mathbb{C}$ ein Gebiet und $u : U \to \mathbb{R}$ lokal-konstant, bzw. es gelte – nach dem Mittelwertsatz äquivalent – $Du = 0$. Dann ist u konstant.*

Beweis Wir zeigen $u(z_0) = u(z_1)$ für gegebene z_0, $z_1 \in U$ und nehmen dazu einen Weg $\gamma : [0, 1] \to U$, der z_0 mit z_1 verbindet: Nach dem Hauptsatz der Differential- und Integralrechung gilt dann nämlich

$$u(z_1) = u(z_0) + \int_0^1 \frac{d}{dt} u(\gamma(t))\, dt = u(z_0) + \int_0^1 \underbrace{Du(\gamma(t))}_{=0}\, \gamma'(t)\, dt = u(z_0),$$

was auch für *stückweise* stetiges γ' richtig bleibt (Teleskopsumme). □

Erste Konsequenzen An den Cauchy-Riemann'schen Differentialgleichungen lassen sich erste interessante Eigenschaften holomorpher Funktionen unmittelbar ablesen.

Korollar 1.6.3 *Es sei $U \subset \mathbb{C}$ ein Gebiet und $f \in H(U)$.*

- *Nimmt f nur reelle (imaginäre) Werte an, so ist f konstant.*
- *Der Realteil (Imaginärteil) bestimmt f eindeutig bis auf eine additive Konstante.*

Beweis Zerlegen wir $f = u + iv$ in Real- und Imaginärteil, so ist im ersten Teil $v = 0$. Den Cauchy-Riemann'schen Differentialgleichungen entnehmen wir sofort $Du = 0$; nach Lemma 1.6.2 ist $f = u$ eine (reelle) Konstante.

Im zweiten Fall betrachten wir eine weitere Funktion $g \in H(U)$ mit dem Realteil u. Dann nimmt $f - g \in H(U)$ nur imaginäre Werte an und muss daher (wie im ersten Teil) eine (imaginäre) Konstante sein. □

1.7 Visualisierung

Grafische Darstellungen reeller Funktionen $f : (a, b) \to \mathbb{R}$ sind wohlvertraut und oft nützlich: Null- und Extremstellen, Monotonien und Ungleichungen lassen sich schnell ablesen. Das Verhalten einer komplexwertigen Funktion f auf einem Gebiet $U \subset \mathbb{C}$ scheint auf den ersten Blick hingegen schwer zu veranschaulichen zu sein, beträgt die Summe der

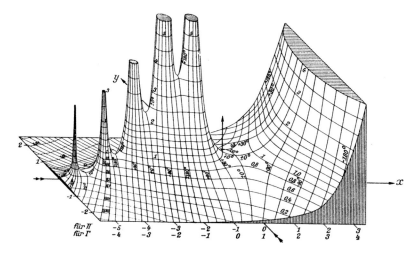

Abb. 1.2 Analytische Landschaft der Gammafunktion (Jahnke und Emde 1933)

Dimensionen von Bild- und Urbildraum doch *vier*. Wir werden aber sehen, dass *holomorphe* Funktionen effektiv mit nur *drei* gut darstellbaren Dimensionen auskommen.

Analytische Landschaft Mit der zweiten Auflage (1933) der „Funktionentafeln mit Formeln und Kurven" von Eugen Jahnke und Fritz Emde [19] wurde die Darstellung holomorpher Funktionen als *analytische Landschaft* populär: Gezeichnet wird die reellwertige Funktion $|f(z)|$ über der komplexen Ebene wie ein Gebirge mit Höhen- und Falllinien (Linien steilsten Abstiegs). Abb. 1.2 gibt das handgezeichnete Relief der Gammafunktion aus dem Jahnke-Emde wieder; in Abb. 1.3 sehen wir dasjenige der rationalen Funktion $f(z) = (z-1)/(z^2 + z + 1)$ (mit Höhenlinien in blau und Falllinien in rot): Deutlich zu erkennen sind die „Schlote" um die beiden Polstellen (Nullstellen des Nennerpolynoms) bei $z = (-1 \pm i\sqrt{3})/2$ und die „Senke" in der Nullstelle $z = 1$, in die alle Falllinien münden.

Auf den ersten Blick scheint der Darstellung mittels $|f|$ die „andere Hälfte" der Polardarstellung einer holomorphen Funktion f zu fehlen: $\arg f$. Wir werden gleich sehen, dass dies nicht der Fall ist:

$$\text{Die Falllinien von } |f| \text{ sind die Niveaulinien von } \arg f. \qquad (1.7.1)$$

Die analytische Landschaft kann auch planar als *Höhenkarte* dargestellt werden: In Abb. 1.4b sind die Höhenlinien (blau) und die Falllinien (schwarz) wie in einer Landkarte eingezeichnet; wobei diesmal die Höhenlinien äquidistant in $\log|f|$ (statt in der Höhe $|f|$) gezogen wurden. Wie aus Vektoranalysis und Optimierung bekannt, verlaufen Falllinien grundsätzlich *orthogonal* zu Höhenlinien. Diese Orthogonalität wird uns helfen, die Falllinien von $|f|$ als Niveaulinien von $\arg f$ zu identifizieren.

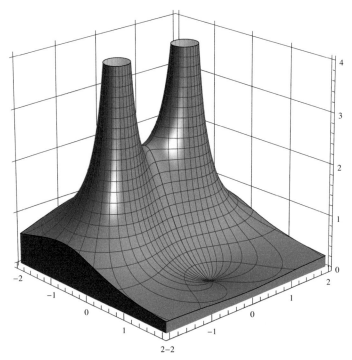

Abb. 1.3 Analytische Landschaft von $f(z) = (z-1)/(z^2 + z + 1)$

Warum betrachtet man nicht eine entsprechende Karte der Niveaulinien des Realteils $u = \operatorname{Re} f$ (blau) und Imaginärteils $v = \operatorname{Im} f$ (schwarz) wie in Abb. 1.4a? Eine solche Darstellung ist wenig zweckmäßig, da sich beispielsweise schon die Nullstelle nicht mehr finden lässt. Wir können hier aber zwei interessante Beobachtungen machen:

- Die Niveaulinien von u und v verlaufen zueinander *orthogonal*.
- Zieht man die Niveaulinien (mit demselben Inkrement) äquidistant in den Werten von u und v, so finden sich *lokal* die nächsten Schnittpunkte längs der Niveaulinien in etwa der gleichen Entfernung (dort wo es „eng" wird, sieht es dann wie leicht verzerrte *Quadrate* aus).

Beide Beobachtungen sind für holomorphe Funktionen einfache Konsequenzen der Cauchy-Riemann'schen Differentialgleichungen (1.6.1): Für die Gradienten $\operatorname{grad} u = (\partial_x u, \partial_y u)^T$ und $\operatorname{grad} v = (\partial_x v, \partial_y v)^T$, also die Richtungsvektoren der Falllinien von u und v, lesen wir sofort ab, dass

$$\langle \operatorname{grad} u, \operatorname{grad} v \rangle = 0, \qquad \|\operatorname{grad} u\|_2 = \|\operatorname{grad} v\|_2;$$

das ist aber (nach Drehung um $\pi/2$) die *Orthogonalität* der Niveaulinien und die für u und v *gleiche* asymptotische Dichte von Niveaulinien pro Längeneinheit.

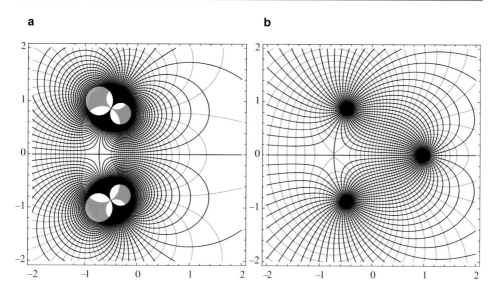

Abb. 1.4 Niveaulinien. **a** Re f (blau), Im f (schwarz); **b** log $|f|$ (blau), arg f (schwarz)

Auf diese Weise lässt sich auch ein operatives Verständnis für Korollar 1.6.3 gewinnen: Ist der Realteil u einer holomorphen Funktion f gegeben, so zieht man zunächst die Niveaulinien von u und dann orthogonal dazu (mit gleicher asymptotischer Dichte) die zugehörigen Falllinien. Diese sind die Niveaulinien des Imaginärteils v und legen ihn bis auf eine additive Konstante fest, nämlich bis auf das frei festzulegende Niveau einer einzigen ausgewählten Niveaulinie von v.

Von diesen Ergebnissen ist es nur ein kurzer Weg zum Beweis der Behauptung (1.7.1) über die Höhenkarte einer holomorphen Funktion f: In der Nähe eines Punkts $z_0 \in \mathbb{C}$ mit $f(z_0) \neq 0$ ist (bei stetiger Wahl von arg f)

$$\log f(z) = \log |f(z)| + i \arg f(z)$$

holomorph (siehe Aufgabe 15 bzw. das Beispiel in Abschn. 2.3), so dass wir das eben Gesagte nur auf $\log f(z)$ anzuwenden brauchen.

Phasenportrait Ohne Beschriftung der Niveaulinien ist es nicht möglich, in der Höhenkarte von f (siehe Abb. 1.4b) die Polstellen von den Nullstellen zu unterscheiden. Eine solche Beschriftung erhält man am besten interaktiv am Computer (etwa im Programmpaket Mathematica, indem man mit dem Mauszeiger über die Niveaulinien „fährt"); im Druck wird es schnell unübersichtlich. Eine beschriftete Höhenkarte besitzt hingegen den Nachteil, dass der „Sprung" etwa des Hauptzweigs Arg f von Werten nahe π zu solchen nahe $-\pi$ keine Unstetigkeit von f anzeigt. Der Freiberger Mathematiker Elias Wegert hat zur Lösung beider Probleme vorgeschlagen (und darüber ein wunderschönes Buch [36]

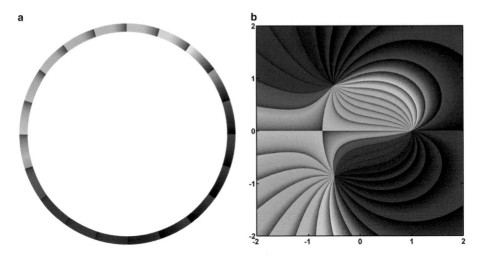

Abb. 1.5 Farbkreis (**a**); Phasenportrait von $f(z) = (z-1)/(z^2 + z + 1)$ (**b**)

geschrieben), wie in Abb. 1.5 die auf der Einheitskreislinie

$$S^1 = \{z \in \mathbb{C} : |z| = 1\}$$

liegende *Phase* $f/|f| = e^{i \arg f}$ durch Farben des Farbkreises[7] im HSV-Farbraum zu visualisieren. Zur besseren Zuordnung der Farben habe ich diese an zwanzig äquidistanten Stellen leicht abgedunkelt; im *Phasenportrait* werden dadurch Niveaulinien der Phase sichtbar. Eine Polstelle lässt sich jetzt von einer Nullstelle durch den Umlaufsinn unterscheiden, in welchem die Farben des Farbkreises diese Stelle (ggf. mehrfach) vollständig umlaufen (siehe Aufgabe 16). Erstaunlicherweise ist eine holomorphe Funktion durch ihr Phasenportrait bereits im Wesentlichen eindeutig festgelegt:

> **Lemma 1.7.1** *Besitzen die nullstellenfreien Funktionen $f, g \in H(U)$ auf dem Gebiet $U \subset \mathbb{C}$ das gleiche Phasenportrait, so gilt $f = \lambda g$ für eine Konstante $\lambda > 0$.*

Beweis Gleiches Phasenportrait bedeutet $f/|f| = g/|g|$, also $f/g = |f|/|g|$. Daher ist die holomorphe Funktion f/g reellwertig, so dass sie nach Korollar 1.6.3 auf dem Gebiet U eine (positive) Konstante λ darstellt. □

▶ **Bemerkung 1.7.2** Das Lemma bleibt auch dann noch gültig, wenn wir (isolierte) Nullstellen und Polstellen zulassen, siehe Aufgabe 11 in Kap. 4.

---

[7] Hier nutzt man, dass sich der Farbkreis *wahrnehmungspsychologisch* schließt, weil die Randpunkte Rot und Blau der Spektralfarben über die (als reine Spektralfarben inexistenten) Farben der *Purpurlinie* als stetig verbunden wahrgenommen werden.

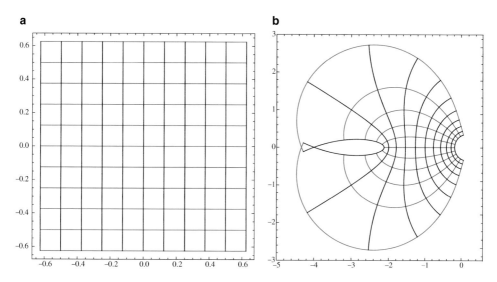

Abb. 1.6 Transformation $f(z) = (z - 1)/(z^2 + z + 1)$: Urbild (**a**), Bild (**b**)

Holomorphe Funktionen als Transformationen der komplexen Ebene Nach Konstruktion sind die Niveaulinien des Real- und Imaginärteils der Funktion $f = u + iv$ in der (x, y)-Ebene das Urbild (pull-back) eines äquidistanten kartesischen Gitters der (u, v)-Ebene. Alternativ kann man sich das Verhalten von f wie in Abb. 1.6 durch das Bild (push-forward) eines (nicht notwendigerweise kartesischen) Gitters der (x, y)-Ebene in der (u, v)-Ebene veranschaulichen. Diese Betrachtung ist vor allem im folgenden Fall von Interesse:

Definition 1.7.3

Die Funktion $f \in H(U)$ heißt *biholomorph*, wenn $V = f(U)$ offen ist und die Abbildung $f : U \to V$ eine holomorphe Umkehrabbildung besitzt. Man nennt die Bereiche U und V dann *biholomorph äquivalent*.

Wir erwähnen bereits jetzt den tiefliegenden und wichtigen *Riemann'schen Abbildungssatz*, den wir als einen der Höhepunkte des Buchs in Abschn. 7.6 beweisen werden:

Jedes einfach zusammenhängende Gebiet $U \neq \mathbb{C}$ (vgl. Abschn. 5.6) ist biholomorph äquivalent zur Einheitskreisscheibe $\mathbb{E} = \{z \in \mathbb{C} : |z| < 1\}$.

Unter einer einfachen Bedingung ist $f \in H(U)$ *lokal* biholomorph:[8]

---

[8] Eine *globale* Variante dieses Satzes wird in Abschn. 7.4 behandelt.

Satz 1.7.4 *Es sei* $f \in H(U)$ (f' *stetig*) *mit* $f'(z_0) \neq 0$. *Dann bildet* f *jede hinreichend kleine offene Umgebung* U_0 *von* z_0 *biholomorph auf die offene Menge* $V_0 = f(U_0)$ *ab. Die Ableitung der lokalen Umkehrabbildung* $f^{-1} : V_0 \to U_0$ *ist*

$$(f^{-1})' = 1/(f' \circ f^{-1}).$$

Beweis Nach Satz 1.6.1 ist f stetig reell differenzierbar, wobei $Df(z) \in \mathbb{R}^{2 \times 2}$ die komplexe Multiplikation mit $f'(z)$ darstellt. Wegen $f'(z_0) \neq 0$ ist $Df(z_0)$ invertierbar und der Satz über inverse Funktionen anwendbar: Es gibt eine offene Umgebung U_0 von z_0, so dass U_0 durch f bijektiv auf die offene Menge $V_0 = f(U_0)$ abgebildet wird; die lokale Umkehrabbildung $g = f^{-1} : V_0 \to U_0$ ist C^1 mit der Jacobimatrix

$$Dg(w) = Df(g(w))^{-1}.$$

Wegen der Isomorphie (1.3.1) repräsentiert $Df(g(w))^{-1} \in \mathbb{R}^{2 \times 2}$ die komplexe Multiplikation mit $1/f'(g(w))$, so dass g in V_0 komplex differenzierbar ist und dort die behauptete Ableitung besitzt.   □

▶ **Bemerkung 1.7.5** Wir werden in Abschn. 2.5 sehen, dass die vorausgesetzte Stetigkeit von f' keine Einschränkung darstellt, da $f \in H(U)$ magischerweise $f' \in H(U)$ impliziert.

Im Rahmen des Satzes ist $f'(\zeta) \neq 0$ für alle $\zeta \in U_0$, so dass f dort in erster Näherung (d.h. bis auf einen Fehler $o(z - \zeta)$) durch die affine Funktion

$$z \mapsto f(\zeta) + f'(\zeta)(z - \zeta) \qquad (f'(\zeta) \neq 0)$$

approximiert wird; also durch eine von zwei Verschiebungen „eingerahmte" *Drehstreckung*: Eine infinitesimale Figur wird durch f nur verschoben, gedreht und gestreckt. Derartige Transformationen sind *lokal konform* (konform = winkel- und orientierungstreu). Der daraus entwickelte geometrische Aufbau der Funktionentheorie heißt zu Ehren seines Pioniers „Riemann'scher Standpunkt".

In Abb. 1.6 gilt $f'(z) \neq 0$ für alle z aus dem Quadrat des Urbildbereichs. Wir erkennen einerseit deutlich die *lokale* Injektivität; andererseits sehen wir aber auch anhand des „Schwalbenschwanzes" links von $u = -4$, dass die durch f vermittelte Transformation *global* die obere und untere linke Ecke des Quadrats „überlappen" lässt. (Eine globale Konsequenz von $f'(z_*) = 0$ im Sattelpunkt $z_* = 1 - \sqrt{3} = -0.732\ldots$) Dass die Abbildung lokal konform ist, zeigt sich in *Orthogonalität* und *gleicher* asymptotischer Dichte der Schnitte zwischen den Bildern der schwarzen und blauen Linien, soweit sich diese bereits als Bild eines Schnittes im Urbildbereich ergeben und nicht erst global durch die Transformation der gesamten Figur. Dieser Unterschied zwischen lokalem und globalem

Verhalten der Transformation lässt sich am besten *dynamisch* am Computer explorieren,[9] indem das vergitterte Quadrat in der z-Ebene verschoben und das entstehende Bild in der f-Ebene unmittelbar daneben gezeigt wird.

Der Verlust der globalen Injektivität einer lokal biholomorphen Funktion durch „Überlappung" bei der Transformation entfernter Teile des Urbildbereichs verursacht natürlich Schwierigkeiten für die Definition einer Umkehrfunktion: Diese ist zwar stets lokal definierbar, aber global *mehrwertig*; Beispiele liefern komplexer Logarithmus und Wurzelfunktion. Die Auflösung dieser Schwierigkeit gelingt erst mit dem Begriff der *Riemann'schen Fläche*: Überlappende Bildbereiche werden als verschiedene *Blätter* einer abstrakten Fläche $\hat{V}$ gedeutet, f wird dann als Abbildung von U auf $\hat{V}$ auch global biholomorph (mit der Ausnahme sogenannter *Verzweigungspunkte*); für eine moderne Darstellung der wichtigen und eleganten Theorie dieses „Mutterbodens, auf dem die Funktionen allererst wachsen und gedeihen können" (Hermann Weyl) verweise ich auf das Lehrbuch von Klaus Lamotke [20].

1.8 Aufgaben

1. Zeige, dass die Gleichungen $\sin z = 0$, $\cos z = 0$ und $\tan z = z$ jeweils nur reelle Lösungen besitzen können. *Hinweis:* Trenne in Real- und Imaginärteil.

2. Zeige, dass Geraden und Kreislinien in der komplexen Ebene genau durch Gleichungen der folgenden Form beschrieben werden

$$\alpha z\overline{z} + cz + \overline{cz} + \delta = 0 \text{ mit } \alpha, \delta \in \mathbb{R}, c \in \mathbb{C}, \alpha\delta < |c|^2.$$

3. Es seien $z_1, z_2, z_3, w_1, w_2, w_3 \in \mathbb{C}$. Zeige:
   - Die Dreiecke (z_1, z_2, z_3) und (w_1, w_2, w_3) sind genau dann ähnlich, wenn

$$\frac{z_2 - z_1}{z_3 - z_1} = \frac{w_2 - w_1}{w_3 - w_1}, \text{ oder äquivalent } \begin{vmatrix} 1 & 1 & 1 \\ z_1 & z_2 & z_3 \\ w_1 & w_2 & w_3 \end{vmatrix} = 0.$$

   Hinweis: Die Polardarstellung der Quotienten hat eine geometrische Bedeutung.
   - Das Dreieck (z_1, z_2, z_3) ist genau dann gleichseitig, wenn

$$z_1^2 + z_2^2 + z_3^2 = z_1 z_2 + z_2 z_3 + z_3 z_1.$$

4. Zeige: 0 liegt genau dann auf der Strecke $[w, z]$, wenn $|w - z| = |w| + |z|$.

5. Zeige, dass sich im Casus irreducibilis $p^3 > q^2$ die Cardanische Formel

$$x = \sqrt[3]{q + \sqrt{q^2 - p^3}} + \sqrt[3]{q - \sqrt{q^2 - p^3}}$$

---

[9] Complex Visual Toolbox für Matlab von Christian Ludwig: http://www-m3.ma.tum.de/Software/ComplexVisualToolbox.

der Lösung der kubischen Gleichung $x^3 = 3px + 2q$ ganz *direkt* zur Formel von Viète

$$x = 2\sqrt{p}\cos(\phi/3), \quad \cos\phi = q/\sqrt{p^3},$$

umformen lässt. Wie ergeben sich hieraus die anderen beiden reellen Nullstellen?
Hinweis: Polarzerlegung der komplexen Zahl $q + i\sqrt{p^3 - q^2}$.

6. Bestimme den Konvergenzradius der Potenzreihe $\sum_{n=1}^{\infty}(\sin n)\,z^n$ und berechne die durch diese Reihe dargestellte holomorphe Funktion in einer Form „ohne i".

7. Zeige für $z, w \in \mathbb{C}$ mit Hilfe der Potenzreihen: $e^{z+w} = e^z e^w$, $e^{iz} = \cos z + i\sin z$. Folgere daraus: e^z ist nullstellenfrei und es gilt $\cos z = \sin(z + \pi/2)$ sowie

$$e^z = e^{z+2\pi i}, \quad \cos z = \cos(z + 2\pi), \quad \sin z = \sin(z + 2\pi) \qquad (z \in \mathbb{C}).$$

8. Zeige für ein Polynom f vom Grad n die *Mittelwertgleichung*

$$f(0) = \frac{1}{m}\sum_{j=0}^{m-1} f(re^{2\pi ij/m}) \qquad (m > n, r > 0).$$

Folgere daraus die *Mittelwertungleichung* $|f(0)| \le \max_{|z|=r}|f(z)|$ und verallgemeinere diese durch Grenzübergang auf Potenzreihen.

9. Für nullstellenfreies $f \in H(U)$ definiert $L(f) = f'/f$ die *logarithmische Ableitung*. Zeige:

$$L(f \cdot g) = L(f) + L(g).$$

10. Zeige, dass die Funktion $f(z) = z/(e^z - 1)$ in einer Umgebung von $z = 0$ holomorph ist. Bestimme aus der Gleichung $(e^z - 1)f(z) = z$ eine Rekursionsformel für die Koeffizienten B_n (*Bernoulli'sche Zahlen*) der Potenzreihenentwicklung

$$f(z) = \sum_{n=0}^{\infty} \frac{B_n}{n!} z^n.$$

Nützt die Cauchy-Hadamard'sche Formel, um den Konvergenzradius R dieser Potenzreihe zu berechnen oder um nur $R > 0$ zu zeigen? Bestimme R anhand des in Abschn. 2.5 bewiesenen Entwicklungssatzes: „Jedes $f \in H(U)$ ist durch Potenzreihen in U darstellbar".

11. Bestimme für die folgenden Funktionen $u : \mathbb{C} \to \mathbb{R}$ jeweils *alle* Funktionen $v : \mathbb{C} \to \mathbb{R}$, so dass $f = u + iv$ holomorph ist:

$$u(x, y) = 2x^3 - 6xy^2 + x^2 - y^2 - y, \qquad u(x, y) = x^2 - y^2 + e^{-y}\sin x - e^y\cos x.$$

Schreibe f als Funktion von $z = x + iy$ und berechne $f'(z)$.

12. Für welche $a, b \in \mathbb{R}$ ist das Polynom $x^2 + 2axy + by^2$ Realteil einer holomorphen Funktion f auf $\mathbb{C}$? Gebe jedes solche f in der Form $f(z)$ an.

13. Es sei $f = u + iv$ holomorph. Zeige für die Jacobideterminante:

$$\det Df = |f'|^2 = (\partial_x u)^2 + (\partial_y u)^2 = (\partial_x v)^2 + (\partial_y v)^2.$$

14. Zeige, dass $f \in H(U)$ auf dem Gebiet $U \subset \mathbb{C}$ in folgenden Fällen konstant ist:
    - $f' = 0$;
    - f nimmt nur Werte in der Kreislinie S^1 an;
    - $f = u + iv$ und $u = \chi \circ v$ für eine differenzierbare Funktion $\chi : \mathbb{R} \to \mathbb{R}$.

15. Zeige mit Hilfe der Cauchy-Riemann'schen Differentialgleichungen, dass die komplexe Logarithmusfunktion

$$\log z = \log r + i\phi \qquad (z = re^{i\phi})$$

für jede *stetige* Wahl des Arguments ϕ in der Nähe eines Punkts $z \neq 0$ holomorph ist; berechne die Ableitung. Begründe, warum log nicht auf der *punktierten* komplexen Ebene $\mathbb{C}^\times = \mathbb{C} \setminus \{0\}$, dafür aber auf der *aufgeschnittenen* komplexen Ebene $\mathbb{C}^- = \mathbb{C} \setminus (-\infty, 0]$ holomorph gewählt werden kann. Zeige die Holomorphie auf $\mathbb{C}^-$ auch noch mit Satz 1.7.4.

16. Beschreibe das Phasenportrait von $f(z) = a z^n$ ($a \in \mathbb{C}, n \in \mathbb{Z}$) in der Nähe von $z = 0$.

17. Zeige, dass das Phasenportrait von e^z invariant unter Verschiebung in Richtung der reellen Achse ist. Interpretiere in diesem Zusammenhang das Lemma 1.7.1.

18. Zeige für nullstellenfreie Funktionen $f \in H(U)$ die Gleichung

$$\partial |f| = \frac{f' \bar{f}}{2|f|}.$$

Folgere, dass $f'(z) = 0$ in den Sattelpunkten z der analytischen Landschaft von f. Wie erkennt man solche Punkte im Phasenportrait von f? (Vgl. Abb. 1.5 mit Abb. 1.3.)

19. Zeige: $f \in H(U)$ sowie ihr Real- bzw. Imaginärteil sind harmonische Funktionen; dabei heißt $g : U \to \mathbb{C}$ *harmonisch*, wenn $\Delta g = \partial_x^2 g + \partial_y^2 g = 0$.
    Hinweis: Benutze, dass $f \in H(U)$ beliebig oft differenzierbar ist (siehe Abschn. 2.5).

Lokale Cauchy'sche Theorie

2

2.1 Wegintegrale

Der Hauptsatz der Differential- und Integralrechung besagt für eine stetige Funktion $f :$ $I \to \mathbb{R}$ auf einem Interval $I = [a,b] \subset \mathbb{R}$, dass

$$F(x) = \int_a^x f(\xi) \, d\xi$$

eine Stammfunktion von f auf (a,b) ist (und jede Stammfunktion sich hiervon nur um eine Konstante unterscheidet). Für die Übertragung in die komplexe Ebene benötigen wir einen geeigneten Integralbegriff.

Definition 2.1.1

Eine stückweise stetig differenzierbare Abbildung $\gamma : [a,b] \to \mathbb{C}$ heißt *Integrationsweg* (fortan auch einfach kurz *Weg* genannt); die Bildmenge $[\gamma] = \gamma([a,b])$ heißt *Träger* und $[a,b] \subset \mathbb{R}$ *Parameterintervall* des Wegs. Stimmen Anfangspunkt $\gamma(a)$ und Endpunkt $\gamma(b)$ überein, so nennen wir den Weg *geschlossen*. Ist $f : [\gamma] \to \mathbb{C}$ stetig, so definiert

$$\int_\gamma f(z) \, dz = \int_a^b f(\gamma(t)) \, \gamma'(t) \, dt$$

das *Wegintegral*[1] von f über γ.

Dabei zerlegen die (endlich vielen) Sprungstellen von γ' das Parameterintervall in Teilintervalle, und wir verstehen das definierende Integral als Summe über diese Teile. So

---

[1] Der aus dem Begriff des Wegintegrals entwickelte Aufbau der Funktionentheorie heißt zu Ehren seines Pioniers „Cauchy'scher Standpunkt".

© Springer International Publishing AG, CH 2016
F. Bornemann, *Funktionentheorie*, Mathematik Kompakt, DOI 10.1007/978-3-0348-0974-0_2

lassen sich (wie etwa in Abb. 2.2) ganz bequem die auch praktisch bedeutsamen Wege mit „Ecken" benutzen.

Der entscheidende Punkt dieser Integraldefinition ist ihre Invarianz gegenüber einer Reparametrisierung $\phi : [a_1, b_1] \to [a, b]$ (d.h. gegenüber einer monoton wachsenden, stetig differenzierbaren Abbildung): Nach der Substitutionsregel gilt nämlich für den reparametrisierten Weg $\gamma_1 = \gamma \circ \phi$

$$\int_{\gamma_1} f(z)\, dz = \int_{a_1}^{b_1} f(\gamma_1(t))\, \gamma_1'(t)\, dt$$

$$= \int_{a_1}^{b_1} f(\gamma(\phi(t)))\, \gamma'(\phi(t))\phi'(t)\, dt = \int_a^b f(\gamma(s))\, \gamma'(s)\, ds = \int_\gamma f(z)\, dz.$$

Wir nennen zwei solche Wege γ_1 und γ *äquivalent*. Insbesondere sehen wir, dass sich das Parameterintervall durch eine (z.B. affine) Reparametrisierung stets frei wählen lässt. Wenn also beispielsweise der Endpunkt von γ_1 mit dem Anfangspunkt von γ_2 übereinstimmt, können wir die Parameterintervalle in der Form $[a, b]$ und $[b, c]$ wählen und beide Wege nacheinander als einen Weg $\gamma : [a, c] \to \mathbb{C}$ durchlaufen, für den dann

$$\int_\gamma f(z)\, dz = \int_{\gamma_1} f(z)\, dz + \int_{\gamma_2} f(z)\, dz \qquad (f : [\gamma] \to \mathbb{C} \text{ stetig})$$

gilt; wir schreiben $\gamma = \gamma_1 + \gamma_2$ und sprechen vom *Summenweg*. Durchlaufen wir den Weg γ in umgekehrter Richtung, also von seinem Endpunkt zum Anfangspunkt, so ensteht ein Weg γ_1, der für das Parameterintervall $[0, 1]$ durch $\gamma_1(t) = \gamma(1 - t)$ beschrieben wird. Hier gilt

$$\int_{\gamma_1} f(z)\, dz = -\int_0^1 f(\gamma(1 - t))\gamma'(1 - t)\, dt$$

$$= -\int_0^1 f(\gamma(s))\gamma'(s)\, ds = -\int_\gamma f(z)\, dz.$$

Wir nennen dieses γ_1 den *Umkehrweg* und schreiben $\gamma_1 = -\gamma$.

Spezialfälle

- Der geschlossene Weg $\gamma(\theta) = \zeta + re^{i\theta}$ ($\theta \in [0, 2\pi]$) umläuft die Kreislinie $\partial B_r(\zeta)$ einmal im positiven Umlaufsinn; wir schreiben (und berechnen)

$$\int_{\partial B_r(\zeta)} f(z)\, dz = \int_\gamma f(z)\, dz = ir \int_0^{2\pi} f(\zeta + re^{i\theta})e^{i\theta}\, d\theta. \qquad (2.1.1)$$

Hieran lesen wir sofort ab, dass

$$\frac{1}{2\pi i} \int\limits_{\partial B_r(0)} \frac{dz}{z} = 1. \tag{2.1.2}$$

- Die (orientierte) Strecke, die $z_0, z_1 \in \mathbb{C}$ verbindet, wird durch den Weg

$$\gamma(t) = (1-t)z_0 + tz_1 \qquad (t \in [0,1])$$

beschrieben; wir bezeichnen sie mit $[z_0, z_1]$. Das Wegintegral ist

$$\int\limits_{[z_0, z_1]} f(z)\, dz = (z_1 - z_0) \int\limits_0^1 f(z_0 + t(z_1 - z_0))\, dt; \tag{2.1.3}$$

der Umkehrweg ist $-[z_0, z_1] = [z_1, z_0]$.

- Es bezeichne $\Delta = \Delta(z_1, z_2, z_3)$ das von den Punkten $z_1, z_2, z_3 \in \mathbb{C}$ in der komplexen Ebene aufgespannte kompakte Dreieck. Wir definieren

$$\partial\Delta = [z_1, z_2] + [z_2, z_3] + [z_3, z_1]$$

als den geschlossenen Weg, welcher den Rand des Dreiecks in der durch die Reihenfolge z_1, z_2, z_3 gegebenen Orientierung durchläuft.

Definition 2.1.2
Ein Gebiet $U \subset \mathbb{C}$ heißt *sternförmig (Sterngebiet)* bezüglich des *Zentrums* $z_* \in U$, falls $[z_*, z] \subset U$ für alle $z \in U$. *Konvexe* Gebiete sind sternförmig bezüglich jedes ihrer Punkte.

Standardabschätzung Wegintegrale lassen sich effektiv wie folgt abschätzen:

$$\left| \int\limits_\gamma f(z)\, dz \right| \leq \int\limits_a^b |f(\gamma(t))| \cdot |\gamma'(t)|\, dt \leq \max_{t \in [a,b]} |f(\gamma(t))| \cdot \int\limits_a^b |\gamma'(t)|\, dt.$$

Im Integral über $|\gamma'|$ erkennen wir die Definition der Länge von γ wieder. Wir halten diese nützliche Abschätzung in Form eines Lemmas fest.

Lemma 2.1.3 *Es sei γ ein Weg und $f : [\gamma] \to \mathbb{C}$ stetig. Dann gilt*

$$\left| \int\limits_\gamma f(z)\, dz \right| \leq \|f\|_\gamma \cdot L(\gamma), \qquad \|f\|_\gamma = \max_{z \in [\gamma]} |f(z)|. \tag{2.1.4}$$

Hierbei ist $L(\gamma) = \int_a^b |\gamma'(t)|\, dt$ die (euklidische) Länge von $\gamma : [a,b] \to \mathbb{C}$.

2.2   Stammfunktionen

Besitzt die stetige Funktion $f : U \to \mathbb{C}$ eine Stammfunktion $F \in H(U)$, so gilt nach dem Hauptsatz der Differential- und Integralrechung

$$\int_\gamma f(z)\,dz = \int_a^b F'(\gamma(t))\,\gamma'(t)\,dt = \int_a^b \frac{d}{dt}F(\gamma(t))\,dt = F(\gamma(b)) - F(\gamma(a))$$

für jeden Weg $\gamma : [a, b] \to U$. Der Wert des Integrals hängt dann also nur von den Endpunkten des Weges ab, ist aber ansonsten *wegunabhängig*. Für einen *geschlossenen* Weg γ erhalten wir somit

$$\int_\gamma f(z)\,dz = 0.$$

Dieser Spezialfall reicht bereits für die Wegunabhängigkeit: Teilen sich γ_1 und γ_2 Anfangs- und Endpunkt, so ist $\gamma_1 - \gamma_2$ ein geschlossener Weg.

Beispiel
Der Definitionsbereich U von z^n $(n \in \mathbb{Z})$ ist für $n \geq 0$ ganz $\mathbb{C}$, für $n < 0$ die *punktierte* komplexe Ebene $\mathbb{C}^\times = \mathbb{C} \setminus \{0\}$. Für $n \neq -1$ besitzt z^n die Stammfunktion $z^{n+1}/(n + 1)$, so dass für jeden *geschlossenen* Weg in U

$$\int_\gamma z^n\,dz = 0 \qquad (n \neq -1). \tag{2.2.1}$$

Das Wegintegral (2.1.2) von z^{-1} zeigt hingegen, dass es geschlossene Wege γ in $\mathbb{C}^\times$ gibt, für die

$$\int_\gamma z^{-1}\,dz \neq 0;$$

daher besitzt z^{-1} in $\mathbb{C}^\times$ *keine* Stammfunktion.

Die Wegunabhängigkeit ist nicht nur notwendig, sondern nützlicherweise auch hinreichend für die Existenz einer Stammfunktion:

Satz 2.2.1 *Es sei $U \subset \mathbb{C}$ ein Gebiet und $f : U \to \mathbb{C}$ stetig. Dann sind äquivalent:*

(i) *f besitzt eine holomorphe Stammfunktion;*
(ii) *für jeden geschlossenen Weg in U gilt*

$$\int_\gamma f(z)\,dz = 0. \tag{2.2.2}$$

Ist (ii) erfüllt, so liefert nämlich

$$F(z) = \int_{\gamma_z} f(\zeta)\,d\zeta \qquad (\gamma_z \text{ verbindet ein festes } z_* \in U \text{ mit } z) \qquad (2.2.3)$$

eine Stammfunktion von f. *Ist* U *ein Sterngebiet, so ist (ii) äquivalent zu:*

(ii′)   *für jedes kompakte Dreieck* $\Delta \subset U$ *gilt*

$$\int_{\partial\Delta} f(z)\,dz = 0.$$

Beweis Da wir „(i) ⇒ (ii)" bereits zu Beginn des Abschnitts bewiesen haben, wenden wir uns „(ii) ⇒ (i)" zu. Zur Definition (2.2.3) der Funktion F denken wir uns jedes $z \in U$ durch einen irgendwie gewählten Weg γ_z mit dem Anfangspunkt z_* verbunden;[2] Ziel ist es, $F'(w) = f(w)$ für $w \in U$ zu zeigen. Dazu wählen wir $B = B_r(w) \subset U$ und erhalten für $z \in B$, indem wir die Voraussetzung (ii) auf den geschlossenen Weg $-\gamma_z + \gamma_w + [w, z]$ anwenden,

$$F(z) = F(w) + \int_{[w,z]} f(\zeta)\,d\zeta.$$

Für $z \neq w$ ist daher nach (2.1.3)

$$\frac{F(z) - F(w)}{z - w} - f(w) = \frac{1}{z - w} \int_{[w,z]} (f(\zeta) - f(w))\,d\zeta,$$

so dass die Standardabschätzung (2.1.4) wegen $L([w, z]) = |z - w|$ und wegen der Stetigkeit von f schließlich die Behauptung $F'(w) = f(w)$ liefert:

$$\left| \frac{F(z) - F(w)}{z - w} - f(w) \right| \leq \max_{\zeta \in [w,z]} |f(\zeta) - f(w)| \to 0 \qquad (z \to w).$$

Für ein Sterngebiet U mit Zentrum z_* kann $\gamma_z = [z_*, z]$ gewählt werden. Dann ist $-\gamma_z + \gamma_w + [w, z]$ der orientierte Rand des Dreiecks $\Delta(z, z_*, w)$ und für z hinreichend nahe bei w gilt zudem $\Delta(z, z_*, w) \subset U$. Somit reicht die Voraussetzung (ii′) bereits aus, um (i) zu zeigen. □

---

[2] Wegen der Wegunabhängigkeit definiert *jeder* solche Weg tatsächlich *dasselbe* F.

2.3   Lokaler Integralsatz

Wegunabhängigkeit ist lokal *äquivalent* zur Holomorphie. Wir beginnen mit der für den Aufbau der Theorie grundlegenden Richtung dieser Äquivalenz.

Lemma 2.3.1 (Goursat-Pringsheim) *Es sei $f \in H(U)$. Dann gilt für jedes kompakte Dreieck $\Delta \subset U$, dass*

$$\int_{\partial \Delta} f(z)\,dz = 0.$$

Beweis Wir unterteilen Δ durch Halbierung seiner Seiten in vier kongruente Teildreiecke $\Delta_1^1, \ldots, \Delta_1^4$ und orientieren den Rand der Teildreiecke im gleichen Umlaufsinn wie bei Δ selbst (siehe Abb. 2.1). Dann gilt

$$J = \int_{\partial \Delta} f(z)\,dz = \sum_{j=1}^{4} \int_{\partial \Delta_1^j} f(z)\,dz,$$

da die Seiten im Inneren von Δ genau zweimal in jeweils entgegengesetzter Richtung durchlaufen werden und sich die zugehörigen Wegintegrale also gegenseitig aufheben. Bezeichnen wir mit Δ_1 dasjenige Teildreieck, das den betragsgrößten Beitrag zur Summe liefert, so gilt

$$|J| \leq 4 \left| \int_{\partial \Delta_1} f(z)\,dz \right|.$$

Weiter ist der Umfang $L(\partial \Delta_1) = 2^{-1} L$, wenn wir mit $L = L(\partial \Delta)$ denjenigen des Ausgangsdreiecks bezeichnen. Iterativ konstruieren wir so eine Folge *kompakter* Dreiecke $\Delta \supset \Delta_1 \supset \Delta_2 \supset \cdots$ mit $L(\partial \Delta_n) = 2^{-n} L$, für die

$$|J| \leq 4^n \left| \int_{\partial \Delta_n} f(z)\,dz \right| \qquad (n = 1, 2, 3, \ldots).$$

Wegen der Kompaktheit (Cantor'scher Durchschnittssatz) ist der Schnitt aller Dreiecke der Folge nichtleer und enthält den (eindeutigen) Punkt $w \in \Delta$. Nach Voraussetzung ist f in w komplex differenzierbar, so dass gilt

$$f(z) = f(w) + f'(w)(z - w) + (z - w)\rho(z), \qquad \rho(z) = o(1) \text{ für } z \to w.$$

Abb. 2.1 Normalunterteilung
eines Dreiecks Δ mit Umlaufsinn der Ränder

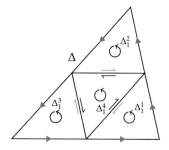

Der „Trick" ist nun, dass das lineare Polynom $z \mapsto f(w) + f'(w)(z - w)$ eine Stammfunktion besitzt und somit aus Satz 2.2.1

$$\int\limits_{\partial \Delta_n} f(z)\, dz = \int\limits_{\partial \Delta_n} (z - w)\rho(z)\, dz$$

folgt. Weil für $z \in \Delta_n$ elementargeometrisch $|z - w| \leq L(\partial \Delta_n)$ gilt, liefert die Standard-
abschätzung (2.1.4)

$$\left| \int\limits_{\partial \Delta_n} f(z)\, dz \right| = \left| \int\limits_{\partial \Delta_n} (z - w)\rho(z)\, dz \right| \leq 4^{-n} L^2 \cdot \max_{z \in \partial \Delta_n} |\rho(z)|,$$

so dass $|J| \leq L^2 \cdot \max_{z \in \partial \Delta_n} |\rho(z)| = o(1) \to 0$ für $n \to \infty$; also ist $J = 0$. $\qquad \square$

Setzen wir das Goursat-Pringsheim'sche Lemma 2.3.1 mit Satz 2.2.1 zusammen, so
gelangen wir zum ersten fundamentalen Ergebnis dieses Kapitels.

Satz 2.3.2 (Cauchy'scher Integralsatz für Sterngebiete) *Es sei $U \subset \mathbb{C}$ ein bezüglich*
$z_* \in U$ sternförmiges Gebiet und $f \in H(U)$. Dann ist

$$F(z) = \int\limits_{[z_*, z]} f(\zeta)\, d\zeta \qquad (z \in U)$$

eine Stammfunktion von f in U, und es gilt für jeden geschlossenen Weg γ in U

$$\int\limits_{\gamma} f(z)\, dz = 0.$$

▶ **Bemerkung 2.3.3** Für allgemeine Bereiche $U \subset \mathbb{C}$ und $f \in H(U)$ lässt sich der
Satz zumindest *lokal* anwenden, da es zu jedem Punkt $w \in U$ eine sternförmige (sogar

Abb. 2.2 Pfad zur Berechnung des Haupteils Log vom
komplexen Logarithmus

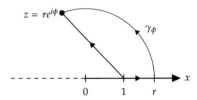

konvexe) Umgebung $B = B_r(w) \subset U$ gibt. Somit besitzt f in B eine Stammfunktion
$F_B \in H(B)$; F_B heißt *lokale* Stammfunktion von f.

Beispiel (Komplexer Logarithmus)

Die Funktion $f(z) = 1/z$ ist zwar in der punktierten Ebene $\mathbb{C}^\times$ holomorph, besitzt dort aber nach
Abschn. 2.2 *keine* Stammfunktion ($\mathbb{C}^\times$ ist also insbesondere *kein* Sterngebiet). Die Obstruktion
liegt in jenen Wegen, welche die Singularität $z = 0$ umrunden: Um die Möglichkeit solcher Wege
zu unterbinden, müssen wir aus der komplexen Ebene mehr als nur den Punkt $z = 0$ entfernen. So
werden wir auf die längs der negativen reellen Achse *aufgeschnittene* komplexe Ebene[3]

$$\mathbb{C}^- = \mathbb{C} \setminus (-\infty, 0]$$

geführt, ein *Sterngebiet* bezüglich des Zentrums $z_* = 1$. Es gilt $f \in H(\mathbb{C}^-)$ und der Cauchy'sche
Integralsatz 2.3.2 liefert in $\mathbb{C}^-$ die Stammfunktion

$$\operatorname{Log} z = \int\limits_{[1,z]} \frac{d\zeta}{\zeta} \qquad (z \in \mathbb{C}^-).$$

Das so definierte $\operatorname{Log} \in H(\mathbb{C}^-)$ heißt *Hauptzweig* des komplexen Logarithmus. Für $z = re^{i\phi} \in \mathbb{C}^-$
ist $r = |z| > 0$ und $\phi = \operatorname{Arg} z \in (-\pi, \pi)$; wir können daher den Wert von $\operatorname{Log} z$ bequem berechnen,
indem wir die Wegunabhängigkeit nutzen und $[1, z]$ durch $[1, r] + W_\phi$ ersetzen, wobei W_ϕ den
orientierten Kreisbogen von r zu $re^{i\phi}$ bezeichne (siehe Abb. 2.2):

$$\operatorname{Log} z = \int\limits_{[1,r]} \frac{d\zeta}{\zeta} + \int\limits_{W_\phi} \frac{d\zeta}{\zeta} = \int\limits_1^r \frac{d\rho}{\rho} + \int\limits_0^\phi \frac{ire^{i\theta}}{re^{i\theta}}\, d\theta = \log r + i\phi.$$

Tatsächlich ist Log in $\mathbb{C}^-$ eine Rechtsinverse der Exponentialfunktion,

$$\exp(\operatorname{Log} z) = \exp(\log r + i\phi) = e^{\log r} e^{i\phi} = re^{i\phi} = z \qquad (z \in \mathbb{C}^-),$$

ebenso die in $\mathbb{C}^-$ holomorphen Funktionen $\operatorname{Log} z + 2\pi i n$ ($n \in \mathbb{Z}$), die *Nebenzweige* des komplexen
Logarithmus. Wir schreiben $\log z$, wenn wir den Zweig nicht näher spezifizieren wollen. Mit Hilfe
des Logarithmus lässt sich auch die komplexe Potenzfunktion definieren: Für den Exponenten $\alpha \in$
$\mathbb{C}$ ist der in $\mathbb{C}^-$ *holomorphe* Hauptzweig gegeben durch $z^\alpha = \exp(\alpha \operatorname{Log} z)$.

---

[3] Die Wahl der vom Ursprung ausgehenden Halbgeraden, entlang derer die komplexe Ebene aufge-
schnitten wird, ist letztlich willkürlich und muss ggf. angepasst werden; so etwa, wenn wir mit dem
komplexen Logarithmus für z in einer Umgebung der negativen reellen Achse operieren wollen –
beispielsweise in (6.1.1).

2.4 Ketten, Zyklen und Zerlegungen

Es ist häufig zweckmäßig, Funktionen statt über einzelne Wege über Systeme von Wegen zu integrieren (wie sie etwa als getrennte Ränder eines Kreisrings auftreten).

Definition 2.4.1

Wir definieren eine *Kette* Γ von Wegen γ_j als endliche ganzzahlige Linearkombinationen der Form

$$\Gamma = \sum_{j=1}^{k} n_j \gamma_j \qquad (n_j \in \mathbb{Z}). \tag{2.4.1}$$

Eine Kette geschlossener Wege heißt *Zyklus*.[4] Die Schreibweise ist rein *formal*, und wir addieren zwei Ketten, indem wir ihre Koeffizienten addieren:

$$\Gamma_1 = \gamma_1 - 2\gamma_2 + 3\gamma_3 \quad \text{und} \quad \Gamma_2 = 2\gamma_2 - \gamma_3 + 5\gamma_4$$

führen beispielsweise auf die Summe

$$\Gamma_1 + \Gamma_2 = \gamma_1 + 2\gamma_3 + 5\gamma_4.$$

Die Reihenfolge der Teilwege spielt dabei keine Rolle, so dass die Ketten unter dieser Addition eine *abelsche* Gruppe bilden. Der *Träger* ist $[\Gamma] = \bigcup_j [\gamma_j]$, die Länge $L(\Gamma) = \sum_j |n_j| L(\gamma_j)$ und wir integrieren über die Kette mittels

$$\int_{\Gamma} f(z)\,dz = \sum_{j=1}^{k} n_j \int_{\gamma_j} f(z)\,dz \qquad (f : [\Gamma] \to \mathbb{C} \text{ stetig}).$$

Da die zugehörigen Integrale für alle stetigen Funktionen gleich sind, dürfen wir den Summenweg $\gamma_1 + \gamma_2$ aneinander angrenzender Wege γ_1 und γ_2 mit der genauso geschriebenen Kette *identifizieren*; Entsprechendes gilt für den Umkehrweg γ. Allgemein identifizieren wir zwei Ketten Γ_1 und Γ_2, falls $\int_{\Gamma_1} f(z)\,dz = \int_{\Gamma_2} f(z)\,dz$ für alle auf den Trägern stetigen f und schreiben auch dann noch $\Gamma_1 = \Gamma_2$. Gilt (2.4.1), so nennen wir Γ in die Wege γ_j *zerlegbar*.

Diese Begriffsbildung erlaubt uns eine einfache, aber wirkungsvolle Verallgemeinerung des Cauchy'schen Integralsatzes für Sterngebiete 2.3.2.

---

[4] Ketten und Zyklen sind Spezialfälle allgemeinerer Konzepte aus der *Homologietheorie* in der Algebraischen Topologie.

Abb. 2.3 Zerlegung des aus
zwei Kreislinien gebildeten
Zyklus $\Gamma = \gamma - \gamma_\rho$

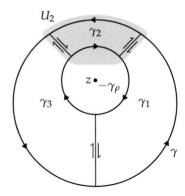

Satz 2.4.2 (Cauchy'scher Integralsatz für zerlegbare Zyklen) *Es sei $f \in H(U)$.*
Ist der Zyklus Γ in geschlossene Wege γ_j zerlegbar, von denen jeder in einem eigens
zugeordneten Sterngebiet $U_j \subset U$ getragen wird, so gilt

$$\int_\Gamma f(z)\,dz = 0.$$

Beweis Wenden wir Satz 2.3.2 auf U_j an, so erhalten wir $\int_{\gamma_j} f(z)\,dz = 0$.   □

Beispiel (Zentrierung)
Wir betrachten $f \in H(U \setminus \{z\})$ für $z \in U$. Ist B eine offene Kreisscheibe mit $z \in B$ und $\overline{B} \subset U$,
so gilt i. Allg.

$$\int_{\partial B} f(\zeta)\,d\zeta \neq 0.$$

Falls z nicht Mittelpunkt von B ist, macht die *direkte* Berechnung dieses Integrals typischerwei-
se Schwierigkeiten. Der Cauchy'sche Integralsatz erlaubt aber, das Integral *indirekt* zu berechnen,
indem wir ∂B durch eine *zentrierte* Kreislinie $\partial B_\rho(z)$ mit $B_\rho(z) \subset B$ ersetzen:

$$\int_{\partial B} f(\zeta)\,d\zeta = \int_{\partial B_\rho(z)} f(\zeta)\,d\zeta. \tag{2.4.2}$$

Um das zu verstehen, bezeichnen wir die positiv durchlaufenen Kreislinien mit γ bzw. γ_ρ und zerlegen den Zyklus $\Gamma = \gamma - \gamma_\rho$ nach Abb. 2.3 in $\Gamma = \gamma_1 + \gamma_2 + \gamma_3$. Da sich jeder der drei geschlossenen
Wege γ_j offensichtlich in einem sternförmigen (ja sogar konvexen) Gebiet $U_j \subset U \setminus \{z\}$ befindet,
liefert Satz 2.4.2 $\int_\Gamma f(\zeta)\,d\zeta = 0$ und damit sofort (2.4.2). Auf diese Weise bekommen wir beispielsweise aus (2.1.2)

$$\frac{1}{2\pi i} \int_{\partial B} \frac{d\zeta}{\zeta - z} = 1 \qquad (B \text{ offene Kreisscheibe mit } z \in B). \tag{2.4.3}$$

Die Zentrierung liefert eine Vorstufe des Riemann'schen Hebbarkeitssatzes 3.5.2:

Korollar 2.4.3 *Es sei* $f \in H(U \setminus \{z\})$ *für ein* $z \in U$. *Ist* f *um* z *beschränkt[5], so gilt*

$$\int_{\partial B} f(\zeta)\, d\zeta = 0 \qquad (B \text{ offene Kreisscheibe mit } z \in B, \overline{B} \subset U).$$

Beweis Nach Voraussetzung gilt $\|f\|_{\partial B_\rho(z)} \leq M$ für hinreichend kleine ρ. Für solche ρ gilt mit Zentrierung gemäß (2.4.2) nach der Standardabschätzung (2.1.4)

$$\left| \int_{\partial B} f(\zeta)\, d\zeta \right| = \left| \int_{\partial B_\rho(z)} f(\zeta)\, d\zeta \right| \leq \|f\|_{\partial B_\rho(z)} \cdot 2\pi\rho \leq 2\pi\rho M.$$

Der Grenzübergang $\rho \to 0$ zeigt die Behauptung. $\qquad\qquad\qquad\qquad\qquad\Box$

2.5   Integralformeln

Das zweite fundamentale Ergebnis dieses Kapitels zeigt, wie *holomorphe* Funktionen bereits durch ganz „wenige" Funktionswerte festgelegt sind.

Satz 2.5.1 (Cauchy'sche Integralformel für Kreisscheiben) *Es sei* B *eine offene Kreisscheibe mit* $\overline{B} \subset U$. *Dann gilt für* $f \in H(U)$

$$f(z) = \frac{1}{2\pi i} \int_{\partial B} \frac{f(\zeta)}{\zeta - z}\, d\zeta \qquad (z \in B). \tag{2.5.1}$$

Beweis Wir fixieren $z \in B$ und betrachten die Funktion

$$g(\zeta) = \begin{cases} \dfrac{f(\zeta) - f(z)}{\zeta - z}, & \zeta \in U \setminus \{z\}; \\ f'(\zeta), & \zeta = z. \end{cases}$$

Es ist g holomorph in $U \setminus \{z\}$, darüber hinaus stetig in U und daher beschränkt um z. Nach Korollar 2.4.3 gilt $\int_{\partial B} g(\zeta)\, d\zeta = 0$, so dass mit (2.4.3)

$$0 = \frac{1}{2\pi i} \int_{\partial B} \frac{f(\zeta) - f(z)}{\zeta - z}\, d\zeta = \frac{1}{2\pi i} \int_{\partial B} \frac{f(\zeta)}{\zeta - z}\, d\zeta - f(z)$$

und somit die Behauptung folgt. $\qquad\qquad\qquad\qquad\qquad\qquad\qquad\qquad\qquad\Box$

---

[5] „um X" = in einer offenen Umgebung von X

Mit Hilfe der Parametrisierung (2.1.1) bringen wir (2.5.1) für zentrierte Kreisscheiben in die äquivalente Form der *Mittelwertgleichung*

$$f(z) = \frac{1}{2\pi} \int_0^{2\pi} f(z + re^{i\theta})\, d\theta \qquad (\overline{B}_r(z) \subset U); \tag{2.5.2}$$

woraus sofort die *Mittelwertungleichung* $|f(z)| \leq \|f\|_{\partial B_r(z)}$ folgt (vgl. Aufgabe 8 in Kap. 1).

Jetzt können wir die angekündigte Umkehrung von Satz 1.5.2 beweisen.

Korollar 2.5.2 (Entwicklungssatz) *Jedes $f \in H(U)$ ist durch Potenzreihen darstellbar.*[6] *Ist nämlich $B_r(z_0) \subset U$, so gilt für $z \in B = B_\rho(z_0)$ $(0 < \rho < r)$*

$$f(z) = \sum_{n=0}^{\infty} a_n (z - z_0)^n, \qquad a_n = \frac{1}{2\pi i} \int_{\partial B} \frac{f(\zeta)}{(\zeta - z_0)^{n+1}}\, d\zeta. \tag{2.5.3a}$$

Insbesondere ist $f^{(n)} \in H(U)$, und es gelten die Cauchy'schen Integralformeln

$$f^{(n)}(z) = \frac{n!}{2\pi i} \int_{\partial B} \frac{f(\zeta)}{(\zeta - z)^{n+1}}\, d\zeta \qquad (z \in B, n = 0, 1, 2, \ldots). \tag{2.5.3b}$$

Beweis Für festes $z \in B = B_\rho(z_0)$ konvergiert die geometrische Reihe

$$\frac{1}{\zeta - z} = \sum_{n=0}^{\infty} \frac{(z - z_0)^n}{(\zeta - z_0)^{n+1}}$$

gleichmäßig in $\zeta \in \partial B$. Also dürfen wir Wegintegration und Reihenbildung in (2.5.1) vertauschen und erhalten die behauptete Taylorentwicklung:

$$f(z) = \frac{1}{2\pi i} \int_{\partial B} \frac{f(\zeta)}{\zeta - z}\, d\zeta = \sum_{n=0}^{\infty} \left(\frac{1}{2\pi i} \int_{\partial B} \frac{f(\zeta)}{(\zeta - z_0)^{n+1}}\, d\zeta \right) \cdot (z - z_0)^n.$$

Da eine Potenzreihe nach Satz 1.5.2 gliedweise differenziert werden darf, ist f *beliebig oft* komplex differenzierbar. Aus der Taylor'schen Formel (1.5.5) gelangen wir nach Zentrierung gemäß (2.4.2) schließlich zu (2.5.3b). □

---

[6] Eine Funktion $f : U \to \mathbb{C}$, die sich um jeden Punkt des Bereichs $U \subset \mathbb{C}$ in eine Potenzreihe entwickeln lässt, wird (komplex) *analytisch* genannt. Der Entwicklungssatz 2.5.2 und Satz 1.5.2 besagen, dass Holomorphie und Analytizität einer Funktion äquivalente Eigenschaften sind. Beide Begriffe werden daher oft synonym verwendet.

Beispiel

Wegen $\cos 0 = 1 \neq 0$ ist $\tan z = \sin z / \cos z$ in einer Umgebung von $z_0 = 0$ holomorph und lässt sich als ungerade Funktion somit in eine Potenzreihe der Form

$$\tan z = \sum_{n=0}^{\infty} \frac{A_{2n+1}}{(2n+1)!} z^{2n+1} = z + \frac{2z^3}{3!} + \frac{16z^5}{5!} + \frac{272z^7}{7!} + \cdots \quad (z \in B_R(0)) \qquad (2.5.4)$$

entwickeln. Ihr Konvergenzradius $R > 0$ ist dabei ganz einfach durch den größten Kreis $B_R(0)$ bestimmt, in dem $\tan z$ noch holomorph ist. Als Quotient zweier ganzer Funktionen ist $\tan z$ in $\mathbb{C}$ mit Ausnahme der Nullstellen des Nenners $\cos z$ holomorph: also überall bis auf $z \in \pi/2 + \pi \mathbb{Z}$ (siehe Aufgabe 18). So erhalten wir unmittelbar $R = \pi/2$, ohne dass irgendeine Kenntnis über die Koeffizienten A_{2n+1} nötig gewesen wäre. Setzen wir dieses R in die Cauchy-Hadamard'sche Formel (1.5.2) ein, so gelangen wir ohne jede nennenswerte Rechnung zu

$$\limsup_{n \to \infty} \sqrt[2n+1]{\frac{|A_{2n+1}|}{(2n+1)!}} = \frac{2}{\pi},$$

ein Ergebnis, das mit reellen Techniken nicht (zumindest nicht *so* einfach) zu erhalten gewesen wäre. Durch eine Verfeinerung unserer Überlegungen werden wir später eine wesentlich genauere Asymptotik zeigen können:[7]

$$\frac{A_{2n+1}}{(2n+1)!} \simeq 2 \left(\frac{2}{\pi} \right)^{2n+2} \qquad (n \to \infty). \qquad (2.5.5)$$

▶ **Bemerkung 2.5.3** Der Entwicklungssatz führt uns noch auf einen weiteren, „Weierstraß'schen" Beweis für die Existenz *lokaler* Stammfunktionen holomorpher Funktionen: Dazu entwickeln wir $f \in H(U)$ in $B = B_r(z_0) \subset U$ zunächst in die Potenzreihe (1.5.1) und bilden dann aus den Stammfunktionen der Glieder die (nach dem Wurzelkriterium ebenfalls in B konvergente) Reihe

$$F_B(z) = \sum_{n=0}^{\infty} \frac{a_n}{n+1} (z - z_0)^{n+1} \qquad (z \in B).$$

Nach Satz 1.5.2 ist $F_B \in H(B)$; gliedweise Differentiation liefert $F_B' = f$ in B.

---

[7] Mit einem Koeffizientenvergleich lässt sich aus $\frac{d}{dz} \tan z = 1 + \tan^2 z$ eine Rekursionsformel für die A_{2n+1} gewinnen, nämlich

$$A_1 = 1, \qquad A_{2n+1} = \sum_{j=1}^{n} \binom{2n}{2j-1} \cdot A_{2j-1} \cdot A_{2n-2j+1} \quad (n \in \mathbb{N}).$$

Hiermit wird die Anzahl A_{2n+1} *alternierender* Permutationen der Ordnung $2n + 1$ beschrieben; $\tan z$ ist also die zugehörige (exponentiell) *erzeugende Funktion*. Das Studium der Singularitäten solcher erzeugender Funktionen in der komplexen Ebene ist eine zentrale Methode der *analytischen Kombinatorik*, um zur asymptotischen Abzählung diskreter Objekte zu gelangen; mehr dazu in Abschn. 4.3.

Da holomorphe Funktionen beliebig oft komplex differenzierbar sind, folgt aus der Existenz lokaler Stammfunktionen von f, dass f holomorph sein muss. Lokale Anwendung von Satz 2.2.1 liefert daher sofort die folgende Umkehrung des Goursat-Pringsheim'schen Lemmas 2.3.1:

Lemma 2.5.4 (Satz von Morera) *Es sei* $f : U \to \mathbb{C}$ *stetig auf einem Bereich* $U \subset \mathbb{C}$, *und es gelte für jedes kompakte Dreieck* $\Delta \subset U$

$$\int_{\partial \Delta} f(z)\,dz = 0.$$

Dann ist $f \in H(U)$.

2.6 Aufgaben

1. Es sei $g : \hat{U} \to U$ holomorph mit (stetiger) Ableitung g'; es sei $\hat{\gamma}$ ein Integrationsweg in $\hat{U}$ und $\gamma = g \circ \hat{\gamma}$ der Bildweg in U. Zeige die Transformationsformel

$$\int_{\gamma} f(z)\,dz = \int_{\hat{\gamma}} f(g(\zeta))g'(\zeta)\,d\zeta \qquad (f : [\gamma] \to \mathbb{C} \text{ stetig}).$$

2. Zeige für $f, g \in H(U)$ und γ geschlossener Weg in U die *partielle Integration*

$$\int_{\gamma} f'(z)g(z)\,dz = -\int_{\gamma} f(z)g'(z)\,dz.$$

3. Zeige, dass die Standardabschätzung (2.1.4) strikt ist, falls $|f(z)| < \|f\|_{\gamma}$ für ein $z \in [\gamma]$. Folgere die Ungleichung

$$|e^z - 1| < |z| \qquad (z \in \mathbb{C} \text{ mit } \mathrm{Re}\, z < 0).$$

Hinweis: Integriere die Exponentialfunktion entlang von $[0, z]$.

4. Es sei $p(z)$ ein komplexes Polynom. Zeige für $r > 0$ und $z \in \mathbb{C}$:

$$\frac{1}{2\pi i} \int_{\partial B_r(z)} \overline{p(\zeta)}\,d\zeta = r^2\,\overline{p'(z)}.$$

Vergleiche mit $\frac{1}{2\pi i} \int_{\partial B_r(z)} p(\zeta)\,d\zeta$.

5. Berechne das Integral

$$\int_{\gamma} z e^{z^2}\,dz$$

für den Weg, welcher 0 und $1 + i$ entlang der Parabel $y = x^2$ verbindet.

6. Es sei $f \in H(U)$ und $\Pi \subset U$ ein (nicht unbedingt sternförmiges) abgeschlossenes Polygon. Fasse den Rand $\partial\Pi$ als einen geschlossenen Polygonzug auf und zeige

$$\int_{\partial\Pi} f(z)\,dz = 0.$$

   Hinweis: Abb. 2.1 sollte der Inspiration dienen.

7. Es sei $f \in H(U)$ und B eine offene Kreisscheibe mit $\overline{B} \subset U$. Berechne für $z \in \mathbb{C} \setminus \partial B$

$$\frac{1}{2\pi i} \int_{\partial B} \frac{f(\zeta)}{\zeta - z}\,d\zeta.$$

8. Berechne:

$$\int_{|z|=2} \frac{\sin z}{z + i}\,dz, \qquad \int_{|z|=1} \frac{dz}{(2i - z)(z - i/2)}, \qquad \frac{1}{i} \int_{|z|=1/2} \frac{e^{1-z}}{z^3(1 - z)}\,dz.$$

9. Zähle für $f : U \to \mathbb{C}$ möglichst viele zu $f \in H(U)$ äquivalente Eigenschaften auf.

10. Berechne für $n \in \mathbb{Z}$:

$$\int_0^{2\pi} e^{e^{i\theta} + ni\theta}\,d\theta.$$

11. Eine auf dem Bereich U definierte Funktion f, die (2.5.2) erfüllt, besitzt die *Mittelwerteigenschaft*. Zeige: Für $f \in H(U)$ besitzen $\operatorname{Re} f$, $\operatorname{Im} f$ und $\overline{f}$ die Mittelwerteigenschaft.

12. Für welche $z \in \mathbb{C}$ gilt $\operatorname{Log}(\exp z) = z$?

13. Welche der Ausdrücke i^i, $\log i$ und $\log(-1)$ sind für die Hauptzweige von Logarithmus und Potenzfunktion definiert? Berechne ggf. ihre Werte.

14. Berechne $\lim_{\varepsilon\downarrow 0} \operatorname{Im} \operatorname{Log}(x + i\varepsilon)$ für $x \in \mathbb{R}$.

15. Definiere eine *holomorphe* Wurzelfunktion, für die $\sqrt{1} = 1$ und $\sqrt{-1} = i$.

16. Berechne die m-te Stammfunktion f von Log in $\mathbb{C}^-$ (d.h. $f^{(m)}(z) = \operatorname{Log}(z)$).

17. Zeige, dass die Gleichung $e^z = 1$ im geschlossenen Streifen $-\pi \le \operatorname{Im} z \le \pi$ nur die Lösung $z = 0$ besitzt. Bestimme sämtliche Lösungen in $\mathbb{C}$.
    Hinweis: Nutze den Hauptzweig des Logarithmus und die Periodizität von e^z.

18. Folgere aus Aufgabe 17, dass die Funktion $\sin z$ in der komplexen Ebene genau die Nullstellen $z = k\pi$ ($k \in \mathbb{Z}$) besitzt. Bestimme die Nullstellen von $\cos z$ in $\mathbb{C}$.

19. Zeige: $1/(1 + z^2)$ hat in $\mathbb{E}$ eine eindeutige Stammfunktion f mit $f(0) = 0$; ferner:
    (i) $f(x) = \arctan(x)$ für $x \in (-1, 1)$;
    (ii) mit Hilfe von (1.2.2):

$$f(z) = \frac{1}{2i} \operatorname{Log}\left(\frac{1 + iz}{1 - iz}\right) \qquad (z \in \mathbb{E});$$

Hinweis: $z \mapsto (1 + iz)/(1 - iz)$ bildet $\mathbb{E}$ biholomorph auf $\mathbb{T} \subset \mathbb{C}^-$ ab.
    (iii) mit Hilfe von (ii): f ist Rechtsinverse von $\tan$, d.h. $\tan(f(z)) = z$ für $z \in \mathbb{E}$.
Wir nennen $f(z) = \operatorname{Arctan}(z)$ Hauptzweig der komplexen Arkustangensfunktion.

20. Für $f \in H(\mathbb{C})$ und festes $w \in \mathbb{C}$ definiere $g : \mathbb{C} \to \mathbb{C}$ durch

$$g(z) = \begin{cases} \dfrac{f(z) - f(w)}{z - w}, & z \neq w; \\ f'(w), & z = w. \end{cases}$$

Benutze den Entwicklungssatz 2.5.2, um $g \in H(\mathbb{C})$ zu zeigen.

21. Die Legendre-Polynome $P_n(x)$ sind definiert durch die Rodrigues-Formel

$$P_n(z) = \frac{1}{n!2^n} \frac{d^n}{dz^n} (z^2 - 1)^n \qquad (n \in \mathbb{N}_0). \tag{2.6.1}$$

Leite aus der Cauchy'schen Integralformel die Schläfli'sche Integraldarstellung

$$P_n(z) = \frac{1}{2\pi i} \int\limits_{\partial B_r(z)} \frac{(\zeta^2 - 1)^n}{2^n (\zeta - z)^{n+1}} \, d\zeta \qquad (r > 0)$$

her und daraus mit der speziellen Wahl $r = \sqrt{|z^2 - 1|}$ das erste Laplace'sche Integral

$$P_n(z) = \frac{1}{\pi} \int\limits_0^\pi \left(z + \sqrt{z^2 - 1} \cos\theta\right)^n d\theta \qquad (z \in \mathbb{C}).$$

22. Es seien $a_1, \ldots, a_k \in \mathbb{C}^\times$. Zeige:

$$\limsup_{n \to \infty} \sqrt[n]{|a_1^n + \cdots + a_k^n|} = \max_{j=1,\ldots,k} |a_j|.$$

Fundamentalsätze

3

3.1 Permanenzprinzip

Die Cauchy'sche Integralformel (2.5.1) lehrt, dass holomorphe Funktionen in einer offenen Kreisscheibe B durch ihre Werte auf dem Rand ∂B bereits *eindeutig* festgelegt
sind (solange B und ∂B im Definitionsbereich liegen). Diese Beobachtung erlaubt eine
überraschende Verallgemeinerung, für deren Beschreibung wir zunächst einen wichtigen
topologischen Begriff einführen:

Definition 3.1.1

Es sei $U \subset \mathbb{C}$ ein Bereich. Eine Teilmenge $M \subset U$ heißt *diskret in U*, falls M keinen
Häufungspunkt in U besitzt; solche Mengen sind:

- *lokal endlich*; anderenfalls gäbe es mit $z_* \in U$, für das in jedem $B_r(z_*) \subset U$
  unendlich viele Elemente von M lägen, einen Häufungspunkt.
- *höchstens abzählbar*; aus der lokalen Endlichkeit erhalten wir nämlich zunächst mit
  einem Kompaktheitsargument, dass $M \cap K$ für jedes $K \subset\subset U$ *endlich* ist, die Behauptung folgt sodann, indem wir U durch abzählbar viele Kompakta ausschöpfen.

Mit diesem Begriff gelingt nun eine weitreichende Beschreibung der w-Stellen holomorpher Funktionen:

Satz 3.1.2 *Es sei $f \in H(U)$ nichtkonstant auf dem Gebiet $U \subset \mathbb{C}$. Für $w \in \mathbb{C}$ gilt:*

- *Die Faser der w-Stellen von f,*

$$f^{-1}(w) = \{z \in U : f(z) = w\},$$

ist diskret in U. Speziell besitzt f höchstens abzählbar viele w-Stellen in U.

© Springer International Publishing AG, CH 2016　　　　　　　　　　　　　　37
F. Bornemann, *Funktionentheorie*, Mathematik Kompakt, DOI 10.1007/978-3-0348-0974-0_3

- *Für $\zeta \in f^{-1}(w)$ gibt es ein eindeutiges $m = m(\zeta) \in \mathbb{N}$, so dass*

$$f(z) = w + (z - \zeta)^m g(z) \qquad (z \in U) \tag{3.1.1}$$

mit $g \in H(U)$ und $g(\zeta) \neq 0$; m heißt Ordnung (Vielfachheit) der w-Stelle ζ.

Beweis Ohne Einschränkung sei $w = 0$. Wir wollen zeigen, dass

$$V_0 = \{z \in U : z \text{ ist Häufungspunkt von } f^{-1}(0)\}$$

leer ist. Für $z_0 \in f^{-1}(0)$ wählen wir $B = B_r(z_0) \subset U$ und entwickeln (Satz 2.5.2)

$$f(z) = \sum_{n=1}^{\infty} a_n (z - z_0)^n \qquad (z \in B).$$

Es bestehen nun zwei Möglichkeiten. Entweder ist $a_n = 0$ für alle $n \in \mathbb{N}$, so dass $B \subset V_0$ und z_0 ein innerer Punkt von V_0 ist; oder aber es gibt eine kleinste Zahl $m \in \mathbb{N}$ mit $a_m \neq 0$. In diesem Fall ist für $z \in B$

$$f(z) = \sum_{n=m}^{\infty} a_n (z - z_0)^n = (z - z_0)^m g(z), \qquad g(z) = \sum_{n=0}^{\infty} a_{n+m} (z - z_0)^n.$$

Mit der holomorphen Fortsetzung

$$g(z) = (z - z_0)^{-m} f(z) \qquad (z \in U \setminus \{z_0\})$$

gilt insgesamt $g \in H(U)$. Wegen $g(z_0) = a_m \neq 0$ und Stetigkeit von g gibt es eine Umgebung von z_0, in der $f(z)$ *keine* Nullstelle außer z_0 besitzt. Folglich ist z_0 isoliert und $z_0 \notin V_0$.

Für $z_0 \in V_0$ kann also nur die erste Möglichkeit vorliegen, so dass V_0 tatsächlich *offen* ist. Das Komplement $V_1 = U \setminus V_0$ ist als Menge der isolierten Nullstellen und der Nichtnullstellen aber ebenfalls offen. Somit ist

$$u : U \to \mathbb{R}, \qquad z \mapsto u(z) = \begin{cases} 0, & z \in V_0, \\ 1, & z \in V_1, \end{cases}$$

lokal-konstant und daher, weil U ein Gebiet ist, nach Lemma 1.6.2 sogar konstant. Also ist entweder $V_0 = U$ und damit f konstant Null (was nach Voraussetzung ausgeschlossen ist) oder $V_0 = \emptyset$ (was zu zeigen war). $\qquad \square$

Eine Anwendung von Satz 3.1.2 auf die Nullstellen von $f - g$ liefert:

Korollar 3.1.3 (Identitätssatz) *Es sei $U \subset \mathbb{C}$ ein Gebiet und $f, g \in H(U)$. Gilt $f(z) = g(z)$ für alle z aus einer Menge mit Häufungspunkt in U, so ist $f = g$.*

Eine holomorphe Funktion f ist in einem Gebiet U also bereits durch ihre Werte auf einer sehr kleinen Teilmenge M, etwa einem Kurvenstückchen oder einer in U konvergenten Folge mit unendlich vielen verschiedenen Gliedern, *vollständig* festgelegt. Daher besitzen reelle Funktionen $[a, b] \to \mathbb{R}$ auch höchstens *eine* holomorphe Fortsetzung in ein Gebiet $[a, b] \subset U \subset \mathbb{C}$; wir hatten bei der Definition der holomorphen Fortsetzungen von exp, sin, cos in $\mathbb{C}$ und von Log in $\mathbb{C}^-$ *keinerlei* Freiheit.

Permanenzprinzip „Rechenregeln" für f, die sich auf einem Gebiet U als Identitäten holomorpher Funktionen ausdrücken lassen, brauchen also nur auf einer nichtdiskreten Teilmenge $M \subset U$ überprüft zu werden, um auf ganz U zu gelten; „sie setzen sich von M nach U fort". Dieses *Permanenzprinzip* analytischer Identitäten illustrieren wir an ein paar Beispielen (vgl. Schlaglicht 2 in Abschn. 1.2):

Beispiel

- Die Funktion $f(z) = \cot \pi z = \cos \pi z / \sin \pi z$ ist in $U = \mathbb{C} \setminus \mathbb{Z}$ holomorph (vgl. Aufgabe 1 in Kap. 1) und besitzt in $M = \mathbb{R} \setminus \mathbb{Z}$ die Periode 1; also stimmen die beiden in U holomorphen Funktionen $f(z)$ und $f(z + 1)$ auf der nichtdiskreten Teilmenge M überein – und damit *überall*: f besitzt auch in U die Periode 1.
- Der reelle Logarithmus $\log : (0, \infty) \to \mathbb{R}$ besitzt höchstens eine holomorphe Fortsetzung $\text{Log} \in H(\mathbb{C}^-)$. Auf $M = (0, \infty)$ ist log Stammfunktion von $1/x$, d. h. $\log'(x) = 1/x$; beide Seiten dieser Identität besitzen mit $\text{Log}'(z)$ und $1/z$ eine in $U = \mathbb{C}^-$ holomorphe Fortsetzung. Da M nichtdiskret in U ist, *muss* Log auch eine Stammfunktion von $1/z$ in U sein (und wurde in Abschn. 2.3 genauso konstruiert).
- Der reelle Logarithmus erfüllt die Rechenregel

$$\log(x \cdot y) = \log x + \log y \qquad (x, y \in M = (0, \infty)).$$

Für $U = \mathbb{C}^- \supset M$ und festes $y \in M$ gilt nun $U \cdot y \subset U$, so dass der Identitätssatz 3.1.3 zunächst die *partielle* Fortsetzung

$$\text{Log}(z \cdot y) = \text{Log} z + \log y \qquad (z \in U, y \in M)$$

liefert. Halten wir jetzt $z \in U$ fest und betrachten das *Gebiet*

$$U_z = \{w \in U : \text{Arg } w + \text{Arg } z \in (-\pi, \pi)\},$$

so gilt wegen $M \subset U_z$ und $z \cdot U_z \subset U$ nach dem Identitätssatz[1]

$$\text{Log}(z \cdot w) = \text{Log} z + \text{Log} w \qquad (z \in U, w \in U_z).$$

Für eine solche Fortsetzung wird also nicht mit den Funktionen selbst, sondern nur mit den zugrunde liegenden Definitions*gebieten* „gerechnet". Geht man hier zu naiv vor und passt nicht auf,[2] so kann sehr leicht Nonsense entstehen: Für $z = (i - 1)/\sqrt{2} \in \mathbb{C}^-$ ist zwar $z^2 \in \mathbb{C}^-$, aber

$$-\frac{\pi i}{2} = \text{Log} z^2 \neq 2 \, \text{Log} z = \frac{3 \pi i}{2}.$$

Wegen $\text{Arg } z = 3\pi/4$ ist nämlich $z \notin U_z$; es besteht daher auch kein Widerspruch zum Identitätssatz.

---

[1] Mit $z \in \mathbb{T}$ ist $\mathbb{T} \subset U_z$, so dass diese Fortsetzung zumindest für $z, w \in \mathbb{T}$ gilt.

[2] Die „natürliche" Wahl $U_z = \{w \in U : z \cdot w \in U\}$ ist i. Allg. *kein* Gebiet (Zeichnung!).

3.2 Abschätzungen

Die Cauchy'schen Integralformeln (2.5.3) drängen sich für eine Anwendung der Standardabschätzung (2.1.4) förmlich auf:

> **Satz 3.2.1 (Cauchy'sche Ungleichungen)** *Es sei B eine offene Kreisscheibe vom Ra-
> dius r, und f sei holomorph in einer Umgebung von $\overline{B}$. Dann gilt[3]*
>
> $$|f^{(n)}(z)| \le n! \cdot \frac{r\,\|f\|_{\partial B}}{\mathrm{dist}(z, \partial B)^{n+1}} \qquad (z \in B, n \in \mathbb{N}_0). \tag{3.2.1a}$$
>
> *Für eine Potenzreihe $f(z) = \sum_{n=0}^{\infty} a_n (z - z_0)^n$ mit Konvergenzradius $> r$ gilt*
>
> $$|a_n| r^n \le \|f\|_{\partial B_r(z_0)} \qquad (n \in \mathbb{N}_0). \tag{3.2.1b}$$
>
> *Der Fall $n = 0$ ist die im Anschluss an (2.5.2) formulierte Mittelwertungleichung.*

Beweis Die Standardabschätzung (2.1.4) liefert in (2.5.3b) für die Ableitungen

$$|f^{(n)}(z)| \le \frac{n!}{2\pi} \cdot L(\partial B) \cdot \max_{\zeta \in \partial B} \frac{|f(\zeta)|}{|\zeta - z|^{n+1}} \le \frac{n!}{2\pi} \cdot 2\pi r \cdot \frac{\|f\|_{\partial B}}{\mathrm{dist}(z, \partial B)^{n+1}};$$

und in (2.5.3a) für die Taylorkoeffizienten

$$|a_n| \le \frac{1}{2\pi} \cdot L(\partial B_r(z_0)) \cdot \max_{\zeta \in \partial B_r(z_0)} \frac{|f(\zeta)|}{|\zeta - z_0|^{n+1}} = \frac{1}{2\pi} \cdot 2\pi r \cdot \frac{\|f\|_{\partial B_r(z_0)}}{r^{n+1}}.$$

Kürzen und Sortieren liefert die behaupteten Abschätzungen.   □

Die Kraft dieser Ungleichungen ist enorm, hier ein wichtiges Beispiel:

> **Korollar 3.2.2 (Satz von Liouville)** *Für gegebenes $f \in H(\mathbb{C})$ und $m \in \mathbb{N}_0$ gelte[4]*
>
> $$f(z) = O(|z|^m) \qquad (z \to \infty). \tag{3.2.2}$$
>
> *Dann ist f Polynom vom Grad $\le m$. Beschränkte ganze Funktionen sind konstant.*

---

[3] Dabei bezeichnet $\mathrm{dist}(z, \partial B) = \min_{\zeta \in \partial B} |z - \zeta|$ den Abstand von z zu ∂B.
[4] In $\mathbb{C}$ schreiben wir $z \to \infty$, falls $|z| \to \infty$.

Beweis Wir entwickeln (Satz 2.5.2) f in die (dann in ganz $\mathbb{C}$ konvergente) Potenzreihe $f(z) = \sum_{n=0}^{\infty} a_n z^n$. Die Cauchy'schen Ungleichungen liefern für $n > m$

$$|a_n| \leq r^{-n} \max_{|z|=r} |f(z)| = O(r^{m-n}) \to 0 \qquad (r \to \infty);$$

also ist $a_n = 0$ für $n > m$. Speziell gilt $m = 0$, wenn f beschränkt ist. $\square$

Der Satz von Liouville wird beim Beweis der globalen Varianten des Cauchy'schen Integralsatzes und der Cauchy'schen Integralformel in Abschn. 5.2 noch eine prominente Rolle spielen.

Anwendung: Fundamentalsatz der Algebra   Der Satz von Liouville liefert den wohl kürzesten und durchsichtigsten Beweis des Fundamentalsatzes der Algebra, d. h. der Aussage

Jedes nichtkonstante Polynom besitzt wenigstens eine Nullstelle in $\mathbb{C}$.[5]

Angenommen nämlich, das wäre falsch und es gebe ein Polynom p vom Grad $n \geq 1$ ohne Nullstellen in $\mathbb{C}$. Dann ist $f = 1/p \in H(\mathbb{C})$ und erfüllt

$$f(z) = p(z)^{-1} = O(|z|^{-n}) = O(1) \qquad (z \to \infty),$$

muss also nach dem Satz von Liouville konstant sein; dies ist ein Widerspruch.

Mit einer Verschärfung des Satzes von Liouville (vgl. Aufgabe 22) – es reicht, die Voraussetzung (3.2.2) für Re f zu überprüfen – werden wir in Abschn. 7.3 die Existenz von Nullstellen ganzer *transzendenter* Funktionen nachweisen: So hat etwa die Gleichung $e^z = z$ abzählbar unendlich viele Lösungen in $\mathbb{C}$.

3.3   Lokal-gleichmäßige Konvergenz

Die gliedweise Differenzierbarkeit von Potenzreihen (Satz 1.5.2) lässt sich auf „geeignet" konvergierende Folgen holomorpher Funktionen übertragen.

Definition 3.3.1

Eine Funktionenfolge $f_k : U \to \mathbb{C}$ heißt *lokal-gleichmäßig konvergent* auf dem Bereich $U \subset \mathbb{C}$, falls jedes $z_0 \in U$ eine Umgebung besitzt, auf der die Folge f_k gleichmäßig konvergiert.[6]

---

[5] Sukzessives Abdividieren der Nullstellen zeigt, dass ein Polynom p vom Grad $n \geq 1$ in $\mathbb{C}$ eine Faktorisierung der Form $p(z) = a_n(z - z_1) \cdots (z - z_n)$ besitzt.

[6] Da sich kompakte Teilmengen $K \subset\subset U$ durch endlich viele derartige Umgebungen überdecken lassen und jede Umgebung von z_0 eine kompakte Kreisscheibe um z_0 enthält, ist die lokal-gleichmäßige Konvergenz *äquivalent* zur gleichmäßigen Konvergenz auf jeder kompakten Teilmenge, kurz *kompakte Konvergenz* genannt.

Satz 3.3.2 (Weierstraß'scher Konvergenzsatz) *Die Folge* $f_k \in H(U)$ *konvergiere lokal-gleichmäßig gegen* $f : U \to \mathbb{C}$. *Dann ist* $f \in H(U)$, *und für jedes* $n \in \mathbb{N}$ *konvergiert die Folge* $f_k^{(n)}$ *lokal-gleichmäßig gegen* $f^{(n)}$.

Beweis Schritt 1. Als lokal-gleichmäßiger Grenzwert stetiger Funktionen ist f sicher stetig. Für jedes kompakte Dreieck $\Delta \subset U$ lassen sich deshalb Grenzwertbildung und Integration über $\partial\Delta$ vertauschen:

$$\int_{\partial\Delta} f(z)\,dz = \lim_{k\to\infty} \int_{\partial\Delta} f_k(z)\,dz.$$

Da alle Integrale rechts wegen $f_k \in H(U)$ nach dem Lemma von Goursat-Pringsheim 2.3.1 verschwinden, gilt nach dem Satz von Morera 2.5.4 $f \in H(U)$.

Schritt 2. Fixiere ein beliebiges $z_0 \in U$ und wähle

$$B_* = B_{r/2}(z_0) \subset \overline{B} = \overline{B_r(z_0)} \subset\subset U.$$

Nach der Cauchy'schen Ungleichung (3.2.1a) gilt für $z \in B_*$

$$|f_k^{(n)}(z) - f^{(n)}(z)| \leq \frac{n! \cdot r}{\mathrm{dist}(z, \partial B)^{n+1}} \cdot \|f_k - f\|_{\partial B} \leq \frac{2^{n+1} n!}{r^n} \cdot \|f_k - f\|_{\partial B}.$$

Die gleichmäßige Konvergenz von f_k gegen f auf $\partial B \subset\subset U$ impliziert also diejenige von $f_k^{(n)}$ gegen $f^{(n)}$ auf der Umgebung B_* von z_0.   □

Im Reellen gibt es kein Pendant dieses Konvergenzsatzes: Die Grenzfunktion einer lokal-gleichmäßig konvergenten Folge reell differenzierbarer Funktionen ist i. Allg. *nicht* reell differenzierbar.

Beispiel (Riemann'sche Zetafunktion)
Die Funktionenreihe

$$\zeta(z) = \sum_{n=1}^{\infty} \frac{1}{n^z} \tag{3.3.1}$$

ist für $\mathrm{Re}\, z \geq 1 + \varepsilon$ ($\varepsilon > 0$) majorisiert und damit gleichmäßig konvergent:

$$|n^{-z}| = |\exp(-z \log n)| = \exp(-\mathrm{Re}\, z \log n) = n^{-\mathrm{Re}\, z} \leq n^{-(1+\varepsilon)}.$$

Also definiert sie in $U = \{z \in \mathbb{C} : \mathrm{Re}\, z > 1\}$ eine nach dem Weierstraß'schen Konvergenzssatz holomorphe Funktion, die Riemann'sche Zetafunktion.[7]

---

[7] Tatsächlich lässt sich $\zeta(z)$ holomorph in die punktierte Ebene $\mathbb{C} \setminus \{1\}$ fortsetzen.

Kompaktheit Wann erlaubt eine Folge $f_k \in H(U)$ die Auswahl lokal/gleichmäßig konvergenter Teilfolgen? Notwendig hierfür ist die lokale *Beschränktheit* der Folge; dass diese auch hinreicht, folgt letztlich aus einem Satz der *reellen* Analysis, nämlich dem *Satz von Arzelà-Ascoli* [29, S. 294f]:

> Es sei $U \subset \mathbb{R}^n$ *offen und* $f_k : U \to \mathbb{C}$ *eine lokal beschränkte Folge lokal-gleichmäßig Lipschitz-stetiger Funktionen. Dann besitzt diese eine lokal-gleichmäßig konvergente Teilfolge.*

Satz 3.3.3 (Montel) *Jede lokal beschränkte Folge* $f_k \in H(U)$ *besitzt eine lokal-gleichmäßig konvergente Teilfolge.*

Beweis Schritt 1. Die Folge der Ableitungen $f_k' \in H(U)$ erbt die lokale Beschränktheit der Folge f_k. Fixieren wir nämlich ein beliebiges $z_0 \in U$ und wählen

$$B_* = B_{r/2}(z_0) \subset \overline{B} = \overline{B_r(z_0)} \subset\subset U,$$

so sind die f_k nach Voraussetzung auf $\overline{B}$ durch eine Konstante M beschränkt. Nach der Cauchy'schen Ungleichung (3.2.1a) gilt für $\zeta \in B_*$

$$|f_k'(\zeta)| \leq \frac{r}{\operatorname{dist}(\zeta, \partial B)^2} \cdot \|f_k\|_{\partial B} \leq 4M r^{-1} = L.$$

Schritt 2. Hieraus folgt für $z, w \in B_*$ die gleichmäßige Lipschitz-Abschätzung

$$|f_k(z) - f_k(w)| = \left| \int\limits_{[w,z]} f_k'(z)\, dz \right| \leq |z - w| \max_{\zeta \in [w,z]} |f_k'(\zeta)| \leq L|z - w|.$$

Die f_k sind also lokal-gleichmäßig Lipschitz-stetig und der Satz von Arzelà-Ascoli liefert die Existenz der gewünschten Teilfolge. $\qquad\square$

Der Satz 3.3.3 von Montel sichert etwa die *Existenz* in Extremalaufgaben und findet später beim Beweis des Riemann'schen Abbildungssatzes (Abschn. 7.6) Verwendung. In Kap. 8 werden wir die Kompaktheitstheorie zur mächtigen Theorie *normaler Familien* ausbauen und dort in Abschn. 8.4 sogar feststellen, dass der Satz von Montel unmittelbar äquivalent ist zum Satz von Liouville (Korollar 3.2.2; hier: *beschränkte ganze Funktionen sind konstant*).

3.4 Gebietstreue

Ausgangspunkt ist ein nützliches Kriterium für die Existenz von Nullstellen.

Lemma 3.4.1 *Es sei f holomorph in einer Umgebung von $\overline{B} = \overline{B_r(z_0)}$, und es gelte*

$$|f(z_0)| < \min_{z \in \partial B} |f(z)|.$$

Dann besitzt f in B eine Nullstelle.

Beweis Wäre f nullstellenfrei in B, dann auch in einer Umgebung U von $\overline{B}$ (nach Voraussetzung liegen nämlich keine Nullstellen im Kompaktum ∂B). Es ist daher $g = 1/f \in H(U)$ und nach der Mittelwertungleichung (vgl. Abschn. 2.5) gilt

$$|f(z_0)|^{-1} = |g(z_0)| \leq \|g\|_{\partial B} = \max_{z \in \partial B} |g(z)| = \left(\min_{z \in \partial B} |f(z)| \right)^{-1},$$

also $|f(z_0)| \geq \min_{z \in \partial B} |f(z)|$ im Widerspruch zur Voraussetzung.   □

Hiermit können wir die Existenz der im Beweis des folgenden Satzes benötigten Urbilder nachweisen.

Satz 3.4.2 (Gebietstreue) *Es sei U ein Gebiet und die Funktion $f \in H(U)$ nichtkonstant. Dann ist auch $f(U)$ ein Gebiet.*

Beweis Schritt 1. Jeder Weg $\gamma : [0, 1] \to U$ wird durch $f \circ \gamma : [0, 1] \to f(U)$ zu einem Weg in $f(U)$ „geliftet"; je zwei Punkte in $f(U)$ lassen sich also in $f(U)$ verbinden, indem ihre Urbilder in U verbunden werden.

Schritt 2. Um die Offenheit von $f(U)$ zu zeigen, betrachten wir $w_0 \in f(U)$ und wählen $z_0 \in f^{-1}(w_0)$. Nach dem Identitätssatz 3.1.3 gibt es eine Kreisscheibe

$$\overline{B} = \overline{B_r(z_0)} \subset\subset U \quad \text{mit} \quad \overline{B} \cap f^{-1}(w_0) = \{z_0\};$$

anderenfalls wäre $z_0 \in U$ nämlich ein Häufungspunkt von w_0-Stellen von f und daher $f \equiv w_0$ konstant. Aus Kompaktheitsgründen ist somit

$$\rho = \frac{1}{2} \min_{z \in \partial B} |f(z) - w_0| > 0.$$

Mit diesen Vorbereitungen gilt $B_\rho(w_0) \subset f(B)$. Denn für $w \in B_\rho(w_0)$ ist

$$|f(z_0) - w| < \rho \leq \min_{z \in \partial B} |f(z) - w_0| - |w - w_0| \leq \min_{z \in \partial B} |f(z) - w|,$$

so dass Lemma 3.4.1 die gewünschte Lösung von $f(z) = w$ in B liefert.   □

Beispiel

Es sei U ein Gebiet. Besitzt $f \in H(U)$ einen konstanten Real- oder Imaginärteil oder konstanten Betrag, so ist f bereits selbst konstant (da $f(U)$ in $\mathbb{C}$ nicht offen ist); damit gelangen wir zu einem vertieften Verständnis entsprechender Resultate in Kap. 1 (vgl. Korollar 1.6.3 und Aufgabe 14 in Kap. 1).

Die Gebietstreue gilt nicht in $\mathbb{R}$: z. B. ist $\sin(\mathbb{R}) = [-1, 1]$ *nicht* offen in $\mathbb{R}$. Obstruktionen sind hier die Maxima von $|f|$; solche kann es für holomorphe Funktionen also nicht geben. Tatsächlich erhalten wir folgende weitreichende Verallgemeinerung der Mittelwertungleichung (vgl. Abschn. 2.5):

Korollar 3.4.3 (Maximumprinzip) *Es sei U ein Gebiet und $f \in H(U)$.*

- *Wenn $|f|$ in einem Punkt $z_0 \in U$ ein lokales Maximum hat, so ist f konstant.*
- *Falls U beschränkt ist und f auf $\overline{U}$ noch stetig ist, dann gilt:*

$$|f(z)| \leq \max_{\zeta \in \partial U} |f(\zeta)| \qquad (z \in \overline{U});$$

d. h., $|f|$ nimmt das Maximum in $\overline{U}$ auf dem Rand ∂U an.

Beweis Es sei $z_0 \in U$ lokales Maximum von $|f|$; es gibt also eine Kreisscheibe $B = B_r(z_0) \subset U$ von z_0 mit $|f(z_0)| \geq |f(z)|$ für alle $z \in B$. Dann ist

$$f(B) \subset \{w : |w| \leq |f(z_0)|\}$$

aber *keine* Umgebung von $f(z_0)$, so dass f nach dem Satz von der Gebietstreue in B konstant sein muss, also nach dem Identitätssatz 3.1.3 erst recht in ganz U. Die zweite Behauptung folgt direkt aus der ersten (wobei wir beachten, dass die Beschränktheit von U die Kompaktheit von $\overline{U}$ und damit die Existenz des Betragsmaximums nach sich zieht). $\qquad\square$

Das Maximumprinzip besagt also, dass es in der analytischen Landschaft einer holomorphen Funktion f keine echten Gipfel gibt (vgl. Abb. 1.3); und dass jede echte Senke eine Nullstelle von f sein muss (betrachte dazu $1/f$).

3.5   Isolierte Singularitäten

Definition 3.5.1

Ist $f \in H(U \setminus \{z_0\})$, so heißt $z_0 \in U$ isolierte Singularität von f. Wir unterscheiden drei Typen solcher Singularitäten (siehe Abb. 3.1):

- Lässt sich f holomorph nach z_0 fortsetzen, so heißt z_0 hebbare Singularität.
- Gilt $f(z) \to \infty$ für $z \to z_0$, so heißt z_0 Polstelle (kurz: Pol) von f.
- Ist z_0 weder hebbar noch Pol, so heißt z_0 wesentliche Singularität von f.

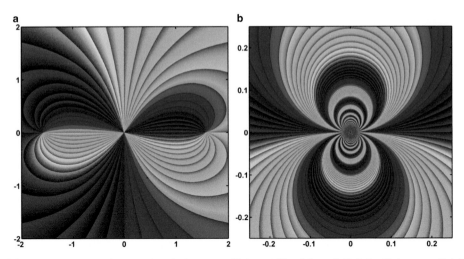

Abb. 3.1 Phasenportraits von Singularitäten. **a** $f(x) = 1/(\tan(z) - z)$: Pol; **b** $f(x) = \exp(1/z)$: wesentliche Singularität

Pole sind also über das Verhalten der Werte von f in der Nähe der Singularität z_0 definiert; wir zeigen zunächst in den folgenden beiden Sätzen, dass sich auch die beiden anderen Typen so charakterisieren lassen.

Satz 3.5.2 (Riemann'scher Hebbarkeitssatz) *Es sei* $f \in H(U \setminus \{z_0\})$ *um* $z_0 \in U$ *beschränkt. Dann ist* z_0 *eine hebbare Singularität von* f.

Beweis Definiere $g(z_0) = 0$ und $g(z) = (z - z_0)^2 f(z)$ in $U \setminus \{z_0\}$. Wegen der lokalen Beschränkung von f existiert $g'(z_0) = 0$, so dass $g \in H(U)$. Taylorentwicklung in $B = B_r(z_0) \subset U$ liefert

$$g(z) = \sum_{n=2}^{\infty} a_n (z - z_0)^n \qquad (z \in B).$$

Setzen wir nun $f(z_0) = a_2$, so folgt aus $f(z) = g(z)/(z - z_0)^2 \ (z \neq z_0)$

$$f(z) = \sum_{n=0}^{\infty} a_{n+2}(z - z_0)^n \qquad (z \in B).$$

Also ist f holomorph in B und damit auch in U. □

Satz 3.5.3 (Casorati-Weierstraß) *Es sei* $z_0 \in U$ *wesentliche Singularität von* $f \in H(U \setminus \{z_0\})$. *Dann gibt es zu jedem* $w \in \mathbb{C}$ *eine Folge* $z_n \to z_0$ *mit* $f(z_n) \to w$.

Beweis Angenommen, der Satz wäre falsch. Dann gibt es ein $w \in \mathbb{C}$, so dass $|f(z) - w|$ um z_0 von Null weg beschränkt bleibt, etwa in der punktierten Kreisscheibe[8] $B' = B'_r(z_0) \subset U \setminus \{z_0\}$. Die holomorphe Funktion

$$g(z) = \frac{1}{f(z) - w} \qquad (z \in B')$$

ist dann beschränkt und lässt sich also nach dem Hebbarkeitssatz 3.5.2 holomorph in B fortsetzen. Ist $g(z_0) \neq 0$, so ist f um z_0 beschränkt; z_0 ist dann (nach dem Hebbarkeitssatz) eine *hebbare* Singularität. Ist $g(z_0) = 0$, so gilt für $U \setminus \{z_0\} \ni z \to z_0$, dass $g(z) \to 0$ und daher $f(z) \to \infty$; z_0 ist dann (nach Definition) ein *Pol*. In beiden Fällen ist z_0 – im Widerspruch zur Voraussetzung – keine wesentliche Singularität. $\square$

▶ **Bemerkung 3.5.4** Für eine wesentliche Singularität $z_0 \in U$ ist das Bild $f(U \setminus \{z_0\})$ also *dicht* und offen (warum?) in $\mathbb{C}$. Tatsächlich gilt weit mehr; der berühmte „große" Satz von Charles Émile Picard lehrt nämlich:

Es sei $z_0 \in U$ wesentliche Singularität von $f \in H(U \setminus \{z_0\})$. Dann nimmt f jeden Wert aus $\mathbb{C}$ – mit höchstens einer Ausnahme – unendlich oft an.[9]

Sein Beweis wird in Abschn. 8.5 den krönenden Abschluss des Buchs bilden.

Pole besitzen eine funktionale Beschreibung, welche die Taylorentwicklung verallgemeinert:

Lemma 3.5.5 (Laurententwicklung für Pole) *Es sei $z_0 \in U$ ein Pol der Funktion $f \in H(U \setminus \{z_0\})$. Dann gibt es ein $m \in \mathbb{N}$, so dass f in jeder punktierten Kreisscheibe $B'_r(z_0) \subset U \setminus \{z_0\}$ eine Laurententwicklung der Form*

$$f(z) = \sum_{n=-m}^{\infty} a_n(z - z_0)^n \qquad (z \in B'_r(z_0)) \tag{3.5.1}$$

mit $a_{-m} \neq 0$ besitzt; m heißt Ordnung (Vielfachheit) des Pols z_0. Die Funktion

$$f(z) - \sum_{n=1}^{m} a_{-n}(z - z_0)^{-n} = \sum_{n=0}^{\infty} a_n(z - z_0)^n \qquad (z \in B'_r(z_0))$$

lässt sich dann holomorph in U fortsetzen; die Summe links heißt Hauptteil der Laurententwicklung, die Summe rechts Nebenteil. Die Koeffizienten der Laurententwicklung sind eindeutig.

---

[8] punktierte Kreisscheibe = Kreisscheibe ohne Mittelpunkt: $B'_r(z) = B_r(z) \setminus \{z\}$
[9] Wie im Fall $f(z) = \exp(1/z)$, wo 0 als Funktionswert nicht angenommen wird.

Beweis Da $f(z) \to \infty$ für $z \to z_0$, gibt es ein $0 < \rho < r$, so dass f in der punktierten Kreisscheibe $B' = B'_\rho(z_0)$ von Null weg beschränkt ist. Demnach ist $g = 1/f \in H(B')$ in B' beschränkt und besitzt nach dem Hebbarkeitssatz eine holomorphe Fortsetzung in B; es gilt $g(z_0) = 0$. Es sei m die Ordnung dieser Nullstelle, und wir schreiben nach (3.1.1)

$$g(z) = (z - z_0)^m g_1(z) \qquad (z \in B)$$

mit $g_1 \in H(B)$ und $g_1(z_0) \neq 0$. Da g, und damit auch g_1, nach Konstruktion in B' keine Nullstellen haben kann, ist $h = 1/g_1 \in H(B)$; h besitzt daher eine Taylorentwicklung der Form

$$h(z) = \sum_{n=0}^{\infty} a_{n-m}(z - z_0)^n \qquad (z \in B)$$

mit $a_{-m} = h(z_0) \neq 0$. In B' gilt aber $h(z) = (z - z_0)^m f(z)$, so dass sich h holomorph in U fortsetzen lässt und die Potenzreihenentwicklung auch noch in $B_r(z_0)$ konvergiert. Die Division durch $(z - z_0)^m$ liefert schließlich (3.5.1). Die Eindeutigkeit der Koeffizienten folgt aus dem Identitätssatz 3.1.3 (Eindeutigkeit von h in $B_r(z_0)$) und der Eindeutigkeit der Taylorkoeffizienten (von h).   □

Die Laurententwicklung um einen Pol erklärt, warum sich im Phasenporträt Pole von Nullstellen nur durch den Umlaufsinn der Farben unterscheiden. Insbesondere schneiden hinreichend kleine Umgebungen eines Pols (oder einer Nullstelle) der Ordnung m genau m isochromatische Linien einer jeden Farbe; siehe Abb. 3.1a für ein Beispiel mit einem Pol der Ordnung 3 und zwei Nullstellen der Ordnung 1. Demgegenüber schneidet jede Umgebung einer wesentlichen Singularität jeweils *unendlich* viele isochromatische Linien einer jeden Farbe [36, Theorem 4.4.6]; siehe das Beispiel in Abb. 3.1b.

Das Verhalten holomorpher Funktion für $z \to \infty$ Um das Verhalten einer holomorphen Funktion f für $z \to \infty$ zu klassifizieren, benötigen wir keine neuen Konzepte: f „erbt" einfach für $z \to \infty$ den Typ der isolierten Singularität von $f(1/z)$ in $z = 0$.

Korollar 3.5.6 *Es sei $f \in H(\mathbb{C} \setminus K)$ für eine kompakte Menge $K \subset\subset \mathbb{C}$. Dann wird das Verhalten von f für $z \to \infty$ durch genau einen der drei folgenden Fälle beschrieben:*

(1) (hebbare Singularität) Es gibt ein $w_* \in \mathbb{C}$, so dass $f(z) \to w_*$ für $z \to \infty$.
(2) (Pol der Ordnung $m \in \mathbb{N}$) Es gibt ein $a \in \mathbb{C}^\times$ mit $f(z) \simeq a\, z^m$ für $z \to \infty$.
(3) (wesentliche Singularität) Zu jedem $w \in \mathbb{C}$ gibt es $z_n \to \infty$ mit $f(z_n) \to w$.

Eine ganze Funktion $f \in H(\mathbb{C})$ ist im Fall (1) konstant, im Fall (2) ein Polynom vom Grad $m \in \mathbb{N}$ und im Fall (3) transzendent (Definition 1.5.3).

Beweis Die Funktion $f(1/z)$ ist für hinreichend kleines $r > 0$ holomorph in der punktierten Kreisscheibe $B'_r(0)$. Daher folgt (1) aus dem Hebbarkeitssatz, (2) aus der Laurententwicklung und (3) aus dem Satz von Casorati-Weierstraß. Die Fälle (1) und (2) des Zusatzes über ganze Funktionen folgen aus dem Satz von Liouville 3.2.2; Fall (3) aus der elementaren Tatsache, dass ein Polynom $p(z) = a_m z^m + \cdots + a_0$ vom Grad $m \in \mathbb{N}_0$ (d. h. $a_m \neq 0$) für $z \to \infty$ keine wesentliche Singularität haben kann, da $p(z) \simeq a_m z^m$ gilt.   □

Oft lassen sich Funktionen als Lösung eines konkreten Problems dadurch ausschließen, dass ihr Verhalten für $z \to \infty$ (oder in der Nähe einer anderen problemspezifischen Singularität) nicht „passt". Zuweilen gelingt es dann, die Lösungsmenge soweit zu verkleinern, dass sie sogar explizit angegeben werden kann. Je mehr Struktursätze Anwendung finden, desto besser funktioniert dieses „Ausschlussverfahren".

Definition 3.5.7

Wir nennen die Gruppe (bez. Komposition) der biholomorphen Abbildungen $f : U \to U$ die *Automorphismengruppe* Aut U des Bereichs U.

Beispiel

Aufgabe: Bestimme Aut $\mathbb{C}$.

Zur Lösung unterscheiden wir für injektives $f \in H(\mathbb{C})$ drei Fälle:

- f transzendent: Wegen des Korollars ist $f(\mathbb{C} \setminus \overline{\mathbb{E}})$ dicht in $\mathbb{C}$ und wegen der Gebietstreue (Satz 3.4.2) ist $f(\mathbb{E})$ offen, so dass wir $f(\mathbb{C} \setminus \overline{\mathbb{E}}) \cap f(\mathbb{E}) \neq \emptyset$ erhalten, was im Widerspruch zur Injektivität von f steht.
- f Polynom vom Grad $m \geq 2$: Nach dem Fundamentalsatz der Algebra hat f entweder mindestens zwei verschiedene Nullstellen oder ist von der Form $f(z) = a(z - z_0)^m$; beides widerspricht der Injektivität von f.
- f Polynom vom Grad $m \leq 1$: $f(z) = a \cdot z + b$ ist genau dann injektiv bzw. biholomorph, wenn $a \neq 0$; solche f heißen *ganze lineare Transformationen*.

Lösung: Aut $\mathbb{C}$ ist die Gruppe aller ganzen linearen Transformationen.

Später werden wir Aut $\mathbb{E}$ (Abschn. 7.2) und Aut $\mathbb{H}$ (Aufgabe 16 in Kap. 7) bestimmen.

3.6 Aufgaben

1. Gib ein Gegenbeispiel zum Identitätssatz für jeden Bereich U, der *kein* Gebiet ist.

2. Zeige mit dem Identitätssatz, dass weder $\sin \overline{z}$ noch $\sin |z|$ in $\mathbb{C}$ holomorph sind.

3. Bestimme alle $f \in H(\mathbb{E})$, für die gilt $f''(n^{-1}) + f(n^{-1}) = 0$ $(n = 1, 2, 3, \ldots)$.

4. Es sei $f \in H(\mathbb{C})$ auf $\mathbb{R}$ reellwertig. Zeige: $f(\overline{z}) = \overline{f(z)}$.

5. Es sei $f \in H(\mathbb{C} \setminus \overline{\mathbb{E}})$. Zeige: Ist f reellwertig in $(1, \infty)$, dann auch in $(-\infty, -1)$.

6. Es sei $f \in H(\mathbb{C})$ auf den Geraden $\operatorname{Im} z = 0$ und $\operatorname{Im} z = \pi$ reellwertig. Zeige:

$$f(z + 2\pi i) = f(z) \qquad (z \in \mathbb{C}).$$

7. Gibt es eine in einer Umgebung von $z = 0$ holomorphe Funktion f mit

$$f(n^{-1}) = f(-n^{-1}) = n^{-3} \qquad (n = 1, 2, 3, \ldots)?$$

8. Die reellen Funktionen $\exp : \mathbb{R} \to \mathbb{R}$ und $\log : (0, \infty) \to \mathbb{R}$ besitzen eindeutige holomorphe Fortsetzungen in $\mathbb{C}$ bzw. $\mathbb{C}^-$; für $x \in (0, \infty)$ gilt $\exp(\log x) = x$ und für $x \in \mathbb{R}$ gilt $\log(\exp x) = x$. Begründe *kurz*, warum sich die erste Gleichung mit dem Identitätssatz in $\mathbb{C}^-$ fortsetzen lässt, nicht aber die zweite in $\mathbb{C}$.

9. Warum widerspricht „$\sin x = 2 \sin x$ für alle $x \in \pi \mathbb{Z}$" nicht dem Identitätssatz?

10. Es seien $f, g \in H(U)$, $U \subset \mathbb{C}$ Gebiet. Zeige: Stimmen für ein $z_0 \in U$ fast alle Ableitungen von f und g überein, dann gibt es ein Polynom p mit $f = g + p$ in U.

11. Es sei $f : \mathbb{E} \to \mathbb{C}$ so, dass $f^2, f^3 \in H(\mathbb{E})$. Zeige: $f \in H(\mathbb{E})$.

12. Für $f \in H(\mathbb{C})$ gelte $f(\mathbb{R}) \subset \mathbb{R}$ und $f(\mathbb{H}) \subset \mathbb{H}$. Zeige: $f'(x) > 0$ für alle $x \in \mathbb{R}$.

13. Finde für $k \in \mathbb{N} \setminus \{1\}$ alle Lösungen $f \in H(\mathbb{C})$ der Funktionalgleichung

$$f(z^k) = (f(z))^k \qquad (z \in \mathbb{C}).$$

14. Es habe $f(z) = \sum_{n=0}^{\infty} a_n (z - z_0)^n$ einen Konvergenzradius $> r$. Zeige folgende Verschärfung der Cauchy'schen Ungleichung (*Gutzmer'sche Formel*):

$$\sum_{n=0}^{\infty} |a_n|^2 r^{2n} \leq \|f\|_{\partial B_r(z_0)}^2.$$

Hinweis: Wende die Bessel'sche Ungleichung auf die Fourierreihe $\sum_{n=0}^{\infty} a_n r^n e^{in\phi}$ an.

15. Welche $f \in H(\mathbb{C})$ erfüllen

$$\int_0^{2\pi} |f(re^{i\theta})| \, d\theta < r^{17/3} \qquad (r > 0)?$$

16. Welche $f \in H(\mathbb{C})$ erfüllen $|f(z)| \leq |\operatorname{Re} z|^{-1/2}$ außerhalb der imaginären Achse?

17. Für $f \in H(\mathbb{E})$ gelte $|f(z)| \leq 1/(1 - |z|)$. Zeige: $|f^{(n)}(0)|/n! \leq e(n + 1)$.

18. Es habe $f(z) = \sum_{n=0}^{\infty} a_n z^n$ einen Konvergenzradius $> r$. Zeige für

$$\mathcal{B}f(z) = \sum_{n=0}^{\infty} \frac{a_n}{n!} z^n$$

(die *Borel-Transformatierte* von f), dass $\mathcal{B}f \in H(\mathbb{C})$ und

$$|\mathcal{B}f(z)| \leq \|f\|_{\partial B_r(0)} \cdot e^{|z|/r} \qquad (z \in \mathbb{C}).$$

19. Es gelte $f(z) = \sum_{n=0}^{\infty} a_n z^n$ um $\overline{B}_r(0)$. Zeige folgende Fehlerabschätzung für das Taylorpolynom vom Grad m: Für $z \in B_r(0)$ mit $|z| = \rho$ ist

$$\left| f(z) - \sum_{n=0}^{m} a_n z^n \right| \le \frac{M(r)}{1 - \rho/r} \left(\frac{\rho}{r}\right)^{m+1}, \qquad M(r) = \max_{|\zeta|=r} |f(\zeta)|.$$

20. Zeige, dass $\mathbb{E}$ und $\mathbb{C}$ nicht biholomorph äquivalent sind.

21. Für die ganze Funktion f gelte $|f(z)| \ge 1$ für alle $z \in \mathbb{C}$. Zeige: f ist konstant.

22. Es habe $f(z) = \sum_{n=0}^{\infty} a_n z^n$ einen Konvergenzradius $> r$. Zeige, dass

$$a_n = \frac{1}{\pi r^n} \int_0^{2\pi} \mathrm{Re}\, f(re^{i\theta}) e^{-in\theta}\, d\theta \qquad (n \ge 1),$$

und verschärfe mit Hilfe dieser Formel den Satz von Liouville: Gibt es zu $f \in H(\mathbb{C})$ ein $m \in \mathbb{N}_0$ mit $\mathrm{Re}\, f(z) \le O(|z|^m)$ für $z \to \infty$, so ist f Polynom vom Grad $\le m$. *Hinweis:* Zeige und nutze

$$\frac{1}{2\pi} \int_0^{2\pi} \overline{f(re^{i\theta})}\, e^{-in\theta}\, d\theta = 0 \qquad (n \ge 1).$$

23. Zeige, dass

$$\Gamma(z) = \int_0^{\infty} t^{z-1} e^{-t}\, dt$$

eine Funktion $\Gamma \in H(\mathbb{T})$ definiert, die *Gammafunktion*. Es ist $\Gamma(n+1) = n!\ (n \in \mathbb{N}_0)$. *Hinweis:* Imitiere den Beweis des Weierstraß'schen Konvergenzsatzes.

24. Zeige: Für ganzes g besitzt die Gleichung $f(z+1) - f(z) = g(z)$ eine ganze Lösung f. *Hinweis:* Entwickle g und löse für z^n; vgl. mathoverflow.net/questions/4434.

25. Zeige, dass die transzendente Gleichung $e^z = z$ eine Lösung mit $|z| < 2$ besitzt. *Hinweis:* Weise durch einen Plot die Ungleichung $1 < \min_{|z|=2} |e^z - z|$ nach.

26. Beweise den dritten Teil von Aufgabe 14 in Kap. 1 mit dem Satz von der Gebietstreue.

27. Wende das Maximumprinzip auf $1/f$ an und formuliere ein *Minimumprinzip*. Inwiefern verallgemeinert dieses das Lemma 3.4.1 über die Existenz von Nullstellen?

28. Für $f \in H(U)$ sei $f'(z_0) = 0$, $f(z_0) \ne 0$. Zeige: z_0 ist Sattelpunkt der analytischen Landschaft von f. *Hinweis:* Aufgabe 18 in Kap. 1.

29. Für $f \in H(B_R(0))$ sei $M(r) = \max_{|z|=r} |f(z)|$. Zeige: $M : [0, R) \to \mathbb{R}$ ist monoton wachsend und stetig; wobei die Monotonie streng ist, falls f nichtkonstant ist.

30. Für $f, g \in H(\mathbb{C})$ gelte $|f(z)| \leq |g(z)|$ für alle $z \in \mathbb{C}$. Zeige $f = \lambda g$ für ein $\lambda \in \overline{\mathbb{E}}$.

31. Es sei $f \in H(U \setminus \{z_0\})$ mit $z_0 \in U$ Häufungspunkt einer Faser $f^{-1}(w)$. Zeige: z_0 ist wesentliche Singularität von f oder $f \equiv w$ ist konstant.

32. Es seien $f, g \in H(\mathbb{C})$ mit $f(g(z)) \to \infty$ für $z \to \infty$. Zeige: f, g sind Polynome.

33. Es sei $f \in H(\mathbb{C} \setminus \overline{\mathbb{E}})$. Verbessere die Abschätzung $f(z) = O(|z|^{5/2})$ für $z \to \infty$.

34. Für $f \in H(\mathbb{C})$ gelte Re $f > 0$. Zeige: f ist konstant. *Hinweis:* Ausschlussverfahren.

35. Für $f \in H(\mathbb{C})$ schneide $f(\mathbb{C})$ nirgends die Gerade $L \subset \mathbb{C}$. Zeige: f ist konstant.

36. Es sei $f \in H(\mathbb{C})$ nichtkonstant. Zeige: Nimmt f auf zwei sich schneidenden Geraden jeweils reelle Werte an, so bilden diese einen Winkel mit Maß aus $\pi \mathbb{Q}$.

37. Es sei $f \in H(\mathbb{C})$ mit $f(0) = 0$, so dass $f^{-1}(B_r(0))$ für alle $r > 0$ ein Gebiet ist. Zeige: f ist ein Polynom der Form $f(z) = c\,z^n$.

38. Es sei U biholomorph äquivalent zu $\mathbb{C}$. Zeige: $U = \mathbb{C}$.

39. Zeige, dass $\mathbb{E}^{\times}$ und $\mathbb{C}^{\times}$ nicht biholomorph äquivalent sind.

40. Es sei Ω ein Gebiet und $\mathcal{F} \subset H(\Omega)$ derart, dass $\mathcal{F}(z) = \{f(z) : f \in \mathcal{F}\}$ für jedes $z \in \Omega$ endlich ist. Zeige: $\mathcal{F}$ ist endlich.
    Bemerkung. P. Erdős hat 1964 gezeigt: Ersetzt man „endlich" in den Voraussetzung durch „höchstens abzählbar", so ist die scheinbar naheliegende Aussage „$\mathcal{F}$ ist höchstens abzählbar" tatsächlich äquivalent zum Gegenteil der Kontinuumshypothese (und ist damit *unabhängig* vom gebräuchlichen ZFC-Axiomensystem der Mengentheorie).

Potenzreihen in Aktion

4

4.1 Potenzreihenkalkül

Wie berechnen wir die Koeffizienten der Taylorentwicklung

$$f(z) = \sum_{n=0}^{\infty} a_n z^n \qquad (|z| < r_f)$$

einer *konkret* gegebenen, um Null holomorphen Funktion f?

Nun, in der Regel *nicht* mit Taylor'scher Formel (1.5.5) oder Cauchy'scher Integralformel (2.5.3a).[1] Meist setzt sich f nämlich aus arithmetischen Operationen und Kompositionen elementarer Bestandteile zusammen; genauso wie wir die Ableitungen dann gemäß den Rechenregeln aus Abschn. 1.4 berechnen würden, gelangen wir auch zur Taylorreihe mit derartigen Formeln (sofern die zugrunde liegenden Operationen zulässig sind). Ein Beispiel möge hier genügen – weitere finden sich in (1.5.3), Abschn. 4.2 und Aufgabe 3: Mit

$$g(z) = \sum_{n=0}^{\infty} b_n z^n \qquad (|z| < r_g)$$

gilt neben der trivialen Summenformel etwa die Cauchy'sche Produktformel

$$(f \cdot g)(z) = \sum_{n=0}^{\infty} \left(\sum_{k=0}^{n} a_k \cdot b_{n-k} \right) z^n \qquad (|z| < \min(r_f, r_g)).$$

Es geht aber noch einfacher, wenn wir an a_n nicht für allgemeines n interessiert sind (meist ohnehin nur in Form einer Rekursion erhältlich), sondern nur an den konkreten

---

[1] Für hochgenaue numerische *Approximationen* ist die Cauchy'sche Integralformel (vgl. Abschn. 2.5) aber ein exzellenter Ausgangspunkt, siehe [9].

© Springer International Publishing AG, CH 2016
F. Bornemann, *Funktionentheorie*, Mathematik Kompakt, DOI 10.1007/978-3-0348-0974-0_4

ersten $m + 1$ Koeffzienten, also an

$$f(z) = a_0 + a_1 z + \cdots + a_m z^m + O(z^{m+1}) \qquad (z \to 0).$$

Der Trick besteht nämlich darin, bereits in jedem Zwischenschritt all jene Entwicklungsterme wegzulassen, die im Endergebnis zu Termen der Ordnung $O(z^{m+1})$ führen: Was ohnehin auf den „Müll" geworfen wird, braucht gar nicht erst berechnet zu werden.

Beispiel
Um die Koeffizienten der Taylorentwicklung (2.5.4) von $\tan z$ bis zur Ordnung $O(z^7)$ anzugeben, rechnen wir für $z \to 0$

$$
\begin{aligned}
\tan z &= \frac{\sin z}{\cos z} = \frac{z - z^3/3! + z^5/5! + O(z^7)}{1 - z^2/2! + z^4/4! + O(z^6)} = \frac{z - z^3/6 + z^5/120 + O(z^7)}{1 - (z^2/2 - z^4/24 + O(z^6))} \\
&= \left(z - z^3/6 + z^5/120 + O(z^7) \right) \left(1 + (z^2/2 - z^4/24) + (z^2/2)^2 + O(z^6) \right) \\
&= z + z^3/3 + 2z^5/15 + O(z^7),
\end{aligned}
$$

wobei wir die Taylorreihen (1.5.6) von sin und cos sowie – für die Division – die geometrische Reihe $1/(1-w) = \sum_{n=0}^{\infty} w^n$ für $|w| < 1$ verwendet haben und ansonsten nur Polynome multiplizieren mussten. Das Ganze lässt sich natürlich algorithmisch umsetzen; sehr effiziente Verfeinerungen dieser „Methode des intelligenten Weglassens" stecken in gängigen Computeralgebra-Paketen.

Auf diese Weise kann man auch Laurententwicklungen behandeln:

Beispiel
Um den Hauptteil der Laurententwicklung von $1/(\tan z - z)$ um den Pol $z_0 = 0$ der Ordnung 3 (vgl. Abb. 3.1) anzugeben, rechnen wir für $z \to 0$

$$
\begin{aligned}
\frac{1}{\tan z - z} &= \frac{1}{z^3/3 + 2z^5/15 + O(z^7)} = \frac{3z^{-3}}{1 + 2z^2/5 + O(z^4)} \\
&= 3z^{-3} \left(1 - 2z^2/5 + O(z^4) \right) = 3z^{-3} - 6z^{-1}/5 + O(z). \qquad (4.1.1)
\end{aligned}
$$

Der Hauptteil ist also $3z^{-3} - 6z^{-1}/5$. Nur die allereinfachsten solcher Berechnungen sollten per Hand durchgeführt werden, alles andere ist am Computer weit besser und fehlerfreier aufgehoben.

Auch implizit gegebene Potenzreihen lassen sich so behandeln:

Beispiel
Die Kombinatorik lehrt, aus der rekursiven Definition bezeichneter Wurzelbäume direkt abzulesen, dass ihre Anzahl t_n (für n Knoten) eine exponentiell erzeugende Funktion $T(z)$ besitzt, welche die Gleichung

$$T(z) = z\, e^{T(z)}, \qquad T(z) = \sum_{n=0}^{\infty} \frac{t_n}{n!} z^n, \qquad (4.1.2)$$

erfüllt. (Wir werden in Abschn. 4.2 die Existenz einer eindeutigen um $z = 0$ holomorphen Lösung $T(z)$ zeigen.) Die Koeffizienten $t_0, \ldots, t_m$ lassen sich nun sukzessive dadurch berechnen, dass wir

– beginnend mit $T(z) = O(1)$ – zunehmend spezifischere Entwicklungen von $T(z)$ in die rechte Seite der Fixpunktgleichung (4.1.2) einsetzen: Für $z \to 0$ ist

$$T(z) = z\, e^{O(1)} = O(z)$$
$$= z\, e^{O(z)} = z + O(z^2)$$
$$\vdots$$
$$= z\, e^{z+2z^2/2!+9z^3/3!+O(z^4)} = z + 2z^2/2! + 9z^3/3! + 64z^4/4! + O(z^5).$$

Diese mit der Fixpunktiteration verwandte Methode heißt *Bootstrapping*. Wir brauchen nicht viel Fantasie, um $t_n = n^{n-1}$ ($n \in \mathbb{N}$) zu vermuten; zum Beweis entwickeln wir im folgenden Abschnitt Formeln, welche die Taylorkoeffizienten implizit definierter Funktionen zu bestimmen erlauben.

4.2 Inversion von Potenzreihen

Wir ergänzen Satz 1.7.4 um die Potenzreihe der lokalen Umkehrfunktion.

Satz 4.2.1 (Lagrange-Bürmann) *Es sei $f \in H(U)$ mit $f(0) = 0$, $f'(0) \neq 0$. Dann hat die lokale Umkehrfunktion f^{-1} für jedes $g \in H(U)$ um Null die Entwicklung*

$$g \circ f^{-1}(w) = g(0) + \sum_{n=1}^{\infty} \frac{1}{n!} \left[\frac{d^{n-1}}{dz^{n-1}} g'(z)\psi(z)^n \right]_{z=0} w^n; \qquad (4.2.1)$$

dabei ist die um Null holomorphe Funktion ψ durch

$$\psi(z) = \frac{z}{f(z)} \qquad (z \neq 0)$$

und $\psi(0) = 1/f'(0)$ definiert. Die Reihe konvergiert wenigstens für

$$|w| < \sup_{0<\rho<r} \min_{|z|=\rho} |f(z)| \qquad (4.2.2)$$

und stellt dort die holomorphe Fortsetzung von $g \circ f^{-1}$ dar; dabei ist $r > 0$ das Supremum jener $\rho > 0$, für die f in $\overline{B}_\rho(0) \subset U$ keine weitere Nullstelle besitzt.

Beweis Nach Satz 1.7.4 ist $f : U_0 \to f(U_0) = V_0$ biholomorph, sofern die offene Nullumgebung U_0 hinreichend klein gewählt wurde; U_0 sei darüber hinaus konvex. Wir entwickeln (Satz 2.5.2) $g \circ f^{-1}$ für $B_\varepsilon(0) \subset V_0$ in der Form

$$g \circ f^{-1}(w) = g(0) + \sum_{n=1}^{\infty} a_n w^n \qquad (w \in B_\varepsilon(0)).$$

Schritt 1. Die Cauchy'sche Integralformel ergibt (vgl. Abschn. 2.5) für den Weg γ, der den Rand von $\overline{B}_\rho(0) \subset U_0$ positiv umläuft,

$$\frac{1}{(n-1)!}\left[\frac{d^{n-1}}{dz^{n-1}}g'(z)\psi(z)^n\right]_{z=0} = \frac{1}{2\pi i}\int_\gamma \frac{g'(z)\psi(z)^n}{z^n}\,dz$$

$$= \frac{1}{2\pi i}\int_\gamma \frac{g'(z)}{f(z)^n}\,dz = \frac{1}{2\pi i}\int_{f\circ\gamma} \frac{(g\circ f^{-1})'(w)}{w^n}\,dw.$$

Um das letzte Integral auszuwerten,[2] wählen wir $\rho > 0$ so klein, dass der transformierte Weg $f \circ \gamma$ in $B'_\varepsilon(0)$ liegt, und erhalten aus (1.5.3) und (2.2.1)

$$\frac{1}{2\pi i}\int_{f\circ\gamma} \frac{(g\circ f^{-1})'(w)}{w^n}\,dw = \frac{1}{2\pi i}\sum_{m=1}^\infty m a_m \int_{f\circ\gamma} w^{m-1-n}\,dw = \frac{n a_n}{2\pi i}\int_{f\circ\gamma} \frac{dw}{w}.$$

Hierfür liefern (2.1.2) und der Cauchy'sche Integralsatz 2.3.2 schließlich den Wert

$$\frac{1}{2\pi i}\int_{f\circ\gamma} \frac{dw}{w} = \frac{1}{2\pi i}\int_\gamma \frac{f'(z)}{f(z)}\,dz = \frac{1}{2\pi i}\int_\gamma \frac{dz}{z} - \frac{1}{2\pi i}\int_\gamma \frac{\psi'(z)}{\psi(z)}\,dz = 1,$$

da ψ'/ψ im *konvexen* Gebiet $U_0 \supset [\gamma]$ holomorph ist. Also ist

$$a_n = \frac{1}{2n\pi i}\int_\gamma \frac{g'(z)}{f(z)^n}\,dz = \frac{1}{n!}\left[\frac{d^{n-1}}{dz^{n-1}}g'(z)\psi(z)^n\right]_{z=0},$$

womit die Reihendarstellung (4.2.1) für $w \in B_\varepsilon(0)$ bewiesen ist.

Schritt 2. Wenden wir (2.4.2) auf die Funktion g'/f^n an, so sehen wir, dass

$$a_n = \frac{1}{2n\pi i}\int_{\partial B_\rho(0)} \frac{g'(z)}{f(z)^n}\,dz$$

tatsächlich für all jene $\rho > 0$ gilt, für die f in $\overline{B}_\rho(0) \subset U$ keine weitere Nullstelle besitzt. Wir wählen ein solches ρ und fixieren ein w mit $|w| < \delta(\rho) = \min_{|z|=\rho}|f(z)|$. Mit $\eta = |w|/\delta(\rho) < 1$ konvergiert dann

$$\sum_{n=1}^\infty \left|\frac{w^n}{n f(z)^n}\right| \le \sum_{n=1}^\infty \eta^n = \frac{\eta}{1-\eta}$$

---

[2] Wir werden derartige Rechnungen später im Residuenkalkül (vgl. Abschn. 5.5) perfektionieren.

gleichmäßig für $|z| = \rho$, so dass

$$\frac{1}{2\pi i} \int\limits_{\partial B_\rho(0)} g'(z) \sum_{n=1}^{\infty} \frac{w^n}{n f(z)^n} \, dz = \sum_{n=1}^{\infty} a_n w^n$$

absolut konvergiert. Optimierung von $\delta(\rho)$ liefert schließlich (4.2.2). $\qquad\square$

Die Lagrange-Bürmann'sche Formel (4.2.1) lässt sich auch im Weierstraß'schen Stil – in diesem Fall sogar rein algebraisch – beweisen [17, § 1.9] (aber deutlich länger und ohne Beschreibung des Konvergenzradius). Die konkrete Auswertung erfolgt meist sehr viel bequemer im Residuenkalkül, siehe Aufgabe 11 in Kap. 5.

Beispiel
Die Lösung $w = T(z)$ von (4.1.2) ist die lokale Umkehrfunktion von

$$w \mapsto f(w) = we^{-w}$$

in einer Umgebung von $w = 0$. Es ist $\psi(w) = w/f(w) = e^w$ und der Satz von Lagrange-Bürmann liefert (wie bereits in Abschn. 4.1 vermutet)

$$T(z) = \sum_{n=1}^{\infty} \frac{1}{n!} \left[\frac{d^{n-1}}{dw^{n-1}} e^{nw} \right]_{w=0} z^n = \sum_{n=1}^{\infty} \frac{n^{n-1}}{n!} z^n.$$

Da $f(w)$ nur die Nullstelle $w = 0$ besitzt, ist in (4.2.2) $r = \infty$, so dass die Reihe wenigstens für

$$|z| < \sup_{\rho > 0} \min_{|w| = \rho} |f(w)| = \sup_{\rho > 0} \rho e^{-\rho} = e^{-1}$$

konvergiert. Der Konvergenzradius kann jedoch nicht größer ausfallen:[3] Ansonsten wäre nämlich $T(z_*)$ für $z_* = e^{-1}$ nach dem Identitätssatz 3.1.3 die eindeutige reelle Lösung $w_* = 1$ von $w_* e^{1-w_*} = 1$, Differentiation von (4.1.2) in z_* liefert dann aber den Widerspruch

$$T'(z_*) = (1 + z_* T'(z_*)) e^{T(z_*)} = e + T'(z_*).$$

▶ **Bemerkung 4.2.2** Die mit der „Baumfunktion" $T(z)$ eng verwandte Lösung

$$W(z) -= -T(-z) = \sum_{n=1}^{\infty} \frac{(-n)^{n-1}}{n!} z^n \quad \text{von } W(z) e^{W(z)} = z \quad (|z| < e^{-1}) \tag{4.2.3}$$

ist Hauptzweig der *Lambert'schen W-Funktion*, die zahlreiche Anwendungen etwa in der Strömungsmechanik, der Stabilitätstheorie von Delay/Differentialgleichungen oder der Theoretischen Informatik besitzt.

---

[3] Der Konvergenzradius $R = e^{-1}$ lässt sich hier wegen der Existenz des Grenzwerts

$$\frac{t_n/n!}{t_{n+1}/(n+1)!} = \left(1 + \frac{1}{n}\right)^{1-n} \to e^{-1} \quad (n \to \infty)$$

auch ganz elementar mit dem *Quotientenkriterium* bestimmen.

4.3   Asymptotik von Taylorkoeffizienten

Können wir aus Kenntnis einer um Null holomorphen Funktion f zu einer präzisen Asymptotik der Taylorkoeffizienten $a_n = f^{(n)}(0)/n!$ in der Form

$$a_n \simeq \text{einfacher expliziter Ausdruck in } n \qquad (n \to \infty)$$

gelangen, ohne die a_n vorab berechnen zu müssen? Diese Frage spielt etwa in der Kombinatorik eine Rolle, wenn f eine „einfache" (exponentiell) erzeugende Funktion für die „komplizierte" Anzahl gewisser diskreter Objekte ist. Wir betrachten stellvertretend für das Problemfeld eine einfache Klasse von Funktionen, für die sich die Frage positiv beantworten lässt:[4]

Definition 4.3.1

Eine Funktion f heißt auf dem Bereich $U \subset \mathbb{C}$ *meromorph*, wenn f bis auf eventuelle Pole in U holomorph ist; wir schreiben $f \in M(U)$. Da Pole isolierte Singularitäten sind, ist die Menge P der Pole von f diskret in U, und es gilt $f \in H(U \setminus P)$; da $P = \emptyset$ zulässig ist, gilt $H(U) \subset M(U)$.

Wir schreiben im Folgenden $[z^n]f(z)$ für den Koeffizienten a_n der Entwicklung $f(z) = \sum_{n=0}^{\infty} a_n z^n$ einer um Null holomorphen Funktion f. Besitzt diese den Konvergenzradius R und ist f in einer Umgebung von $\overline{B}_R(0)$ noch meromorph, so hat f auf dem *kompakten* Rand $\partial B_R(0)$ höchstens endlich viele Pole $z_1, \ldots, z_s$, wobei der Entwicklungssatz 2.5.2 $s \geq 1$ erzwingt. Bezeichnen wir den Hauptteil der Laurententwicklung von f um z_j mit $\Phi(f; z_j)$, so ist nach Lemma 3.5.5

$$g = f - \Phi(f; z_1) - \cdots - \Phi(f; z_s)$$

für ein $r > R$ auch noch um $\overline{B}_r(0)$ holomorph. Die Cauchy'sche Ungleichung (3.2.1b) liefert daher

$$\left| [z^n] g(z) \right| \leq r^{-n} \|g\|_{\partial B_r(0)}$$

und damit die gewünschte Asymptotik

$$[z^n] f(z) = [z^n] \sum_{j=1}^{s} \Phi(f; z_j)(z) + O(r^{-n}) \qquad (n \to \infty). \tag{4.3.1}$$

Der in der Ausgangsfrage verlangte „einfache explizite Ausdruck in n" ist hier also der n-te Taylorkoeffizient der *rationalen* Funktion $\sum_j \Phi(f; z_j)$.

---

[4] Weitere Klassen finden sich in der sehr lesbaren Darstellung [37, Kap. 5].

Beispiel (Asymptotik der Bernoulli'schen Zahlen)

Die Funktion $z/(e^z - 1)$ ist in ganz $\mathbb{C}$ meromorph und besitzt in $z = 0$ eine hebbare Singularität mit

$$f(z) = \frac{z}{e^z - 1} = \sum_{n=0}^{\infty} \frac{B_n}{n!} z^n = 1 - \frac{1}{2}z + \frac{1}{12}z^2 - \frac{1}{720}z^4 + \frac{1}{30240}z^6 + O(z^8).$$

Da die Funktion

$$f(z) + \frac{z}{2} = \frac{z}{2}\coth(\frac{z}{2})$$

gerade ist, gilt tatsächlich $B_{2n+1} = 0$ für $n \in \mathbb{N}$. Die Polstellen von f befinden sich bei $z = \pm 2k\pi i$ für $k \in \mathbb{N}$ (vgl. Aufgabe 17 in Kap. 2), der Konvergenzradius beträgt daher

$$R = 2\pi.$$

Auf dem Rand des Konvergenzkreises liegen die beiden Polstellen $z_* = 2\pi i$ und $\bar{z}_* = -2\pi i$; mit der Methode aus Abschn. 4.1 sehen wir ohne große Rechnung, dass

$$\Phi(f; z_*)(z) + \Phi(f; \bar{z}_*)(z) = \frac{2\pi i}{z - 2\pi i} - \frac{2\pi i}{z + 2\pi i} = -\frac{8\pi^2}{4\pi^2 + z^2}$$

$$= -\frac{2}{1 + (z/2\pi)^2} = 2\sum_{n=0}^{\infty} \frac{(-1)^{n-1}}{(2\pi)^{2n}} z^{2n} \qquad (|z| < 2\pi).$$

Da für jedes $r = 2\pi/\rho$ mit $1/2 < \rho < 1$ in $B_r(0)$ keine weiteren Pole liegen, liefert die Formel (4.3.1) schließlich die Asymptotik

$$\frac{(-1)^{n-1}B_{2n}}{(2n)!} = 2(2\pi)^{-2n} + O(r^{-2n})$$

$$= 2(2\pi)^{-2n}\left(1 + O(\rho^{2n})\right) \simeq 2(2\pi)^{-2n} \qquad (n \to \infty).$$

Diese *Singularitätenanalyse* ist in zweierlei Hinsicht bemerkenswert:

- Die Bernoulli'schen Zahlen B_{2n} wurden an keiner Stelle „ausgerechnet".
- Um eine reelle Asymptotik rationaler Zahlen herzuleiten, wurden die Singularitäten der meromorphen Fortsetzung einer reellen C^∞-Funktion $f : \mathbb{R} \to \mathbb{R}$ in der *komplexen* Ebene studiert.

Wir können die beiden Singularitäten $\pm 2\pi i$ von f also mit Fug und Recht als „tiefere Ursache" der Asymptotik $(-1)^{n-1}B_{2n} \simeq 2(2\pi)^{-2n}(2n)!$ ansehen.

4.4 Aufgaben

1. Berechne – ausnahmsweise per Hand – die Entwicklung

$$\left(1 + \frac{1}{n}\right)^n = e - \frac{e}{2n} + \frac{11e}{24n^2} + O(n^{-3}) \qquad (n \to \infty).$$

2. Berechne die Anzahl der Möglichkeiten, 1 € in Wechselgeld herauszugeben, d. h.

$$[z^{100}] \frac{1}{(1 - z^1)(1 - z^2)(1 - z^5)(1 - z^{10})(1 - z^{20})(1 - z^{50})(1 - z^{100})}.$$

Wie sieht es bei 1 US-Dollar aus?

3. Für $|z| < r$ gelte $f(z) = \sum_{n=0}^{\infty} a_n z^n$ und $g(z) = \sum_{n=0}^{\infty} b_n z^n$ mit $b_0 = g(0) \neq 0$. Zeige, dass die Taylorkoeffizienten c_n von f/g um $z = 0$ durch die Rekursion

$$c_n = \frac{1}{b_0} \left(a_n - \sum_{j=0}^{n-1} c_j b_{n-j} \right) \qquad (n \in \mathbb{N}_0)$$

gegeben sind. Gebe einen möglichst großen Konvergenzbereich für diese Reihe an.

4. Zeige unter den Voraussetzungen des Satzes von Lagrange-Bürmann (4.2.1) für $0 < \rho < r$

$$g \circ f^{-1}(w) = g(0) + \sum_{n=1}^{\infty} \frac{w^n}{2n\pi i} \int_{\partial B_\rho(0)} \frac{g'(z)}{f(z)^n}\, dz = \sum_{n=0}^{\infty} \frac{w^n}{2\pi i} \int_{\partial B_\rho(0)} \frac{g(z)f'(z)}{f(z)^{n+1}}\, dz.$$

5. Finde eine sinnvolle Definition der iterierten Potenzfunktion

$$f(z) = z^{z^{z^{z^{\cdot^{\cdot^{\cdot}}}}}}$$

und setze sie holomorph in ein Gebiet der komplexen Ebene fort.

6. Entwickle die holomorphe Lösung der Gleichung $f(z) = 1 + z f(z)^2$ direkt in eine Potenzreihe um $z = 0$, ohne nach $f(z)$ aufzulösen. Bestimme den Konvergenzradius.

7. Zeige, dass die Kepler'sche Gleichung $w = \tau + z \sin w$ für festes $0 \leq \tau < 2\pi$ eine holomorphe Lösung $w = f(z)$ um $z = 0$ besitzt mit

$$w = \tau + \sin(\tau)z + \frac{1}{2}\sin(2\tau)z^2 + O(z^3) \qquad (z \to 0).$$

Wie lautet der allgemeine Koeffizient dieser Reihe?
Herausforderung. Der *größte* gemeinsame Kreis $|z| < r_*$, in dem die Potenzreihe für *jede* Wahl des Parameters τ konvergiert, ist nach Stieltjes gegeben durch

$$r_* = \operatorname{csch} \rho_* = 0.66274\,34193\,49181\ldots \quad \text{mit} \quad \rho_* = \coth \rho_*.$$

8. Zeige für $m \in \mathbb{N}_{\geq 2}$, dass die Gleichung $w^m + w = z$ für $z \approx 0$ durch ein $w \approx 0$ gelöst wird, das sich in folgende Potenzreihe entwickeln lässt (Johann Heinrich Lambert 1758):

$$w = \sum_{k=0}^{\infty} \frac{(-1)^k \binom{mk}{k}}{(m-1)k + 1} z^{(m-1)k+1} \qquad (|z| < r);$$

der Konvergenzradius ist $r = (m-1)m^{m/(1-m)}$. Wie lautet die Reihe für w^n mit $n \in \mathbb{N}$?

9. *Herausforderung*: Zeige für feste Parameter $\alpha, \beta, \gamma \in \mathbb{C}$, dass die Gleichung

$$w^\alpha - w^\beta = z(\alpha - \beta)w^{\alpha+\beta}$$

für $z \approx 0$ durch ein $w \approx 1$ gelöst wird, für das sich w^{γ} in folgende Potenzreihe entwickeln lässt (Euler 1779):

$$w^{\gamma} = 1 + \gamma z + \frac{1}{2}\gamma(\gamma + \alpha + \beta)z^2 + \frac{1}{6}\gamma(\gamma + 2\alpha + \beta)(\gamma + \alpha + 2\beta)z^3$$
$$+ \frac{1}{24}\gamma(\gamma + 3\alpha + \beta)(\gamma + 2\alpha + 2\beta)(\gamma + \alpha + 3\beta)z^4 + \cdots$$
$$= 1 + \gamma \sum_{n=1}^{\infty} \prod_{\substack{j+k=n \\ j,k \geq 1}} (\gamma + j\alpha + k\beta) \frac{z^n}{n!}.$$

Stelle den Grenzfall $\beta \to \alpha = 1$ in Beziehung zur Lambert'schen W-Funktion (4.2.3).

10. Die Legendre-Polynome $P_n(x)$ sind durch die Rodrigues-Formel (2.6.1) definiert. Leite aus dem Satz von Lagrange-Bürmann (19.1) die erzeugende Funktion

$$\sum_{n=0}^{\infty} P_n(x)z^n = \frac{1}{\sqrt{1 - 2xz + z^2}}$$

her. Wie groß ist der Konvergenzradius für $x \in [-1, 1]$?

11. Zeige: (a) Die meromorphen Funktionen $M(U)$ bilden einen Körper; (b) Lemma 1.7.1 bleibt für nichtkonstante $f, g \in M(U)$ richtig (Nullstellen sind jetzt zugelassen).

12. Zeige für $4\pi < r < 6\pi$, dass

$$(-1)^{n-1} B_{2n}/(2n)! = 2(2\pi)^{-2n} + 2(4\pi)^{-2n} + O(r^{-2n}) \qquad (n \to \infty).$$

Verallgemeinere.

13. Die exponentiell erzeugende Funktion der geordneten Bell'schen Zahlen a_n ist

$$f(z) = 1/(2 - e^z).$$

Bestimme eine einfache Asymptotik von a_n und ermittle den Fehler für $n = 1, \ldots, 10$.

14. Für festes $q \in \mathbb{N}$ sei $a_{n,q}$ die Anzahl jener Permutationen von n Buchstaben, für die jeder Zyklus eine Länge $> q$ besitzt. Die exponentiell erzeugende Funktion ist

$$f_q(z) = (1 - z)^{-1} e^{-(z + z^2/2 + \cdots + z^q/q)}.$$

Bestimme eine einfache Asymptotik von $a_{n,q}$ für $n \to \infty$. Was ist das für $q = 1$?

15. Zeige die Asymptotik (2.5.5) der Taylorkoeffizienten von $\tan z$ um $z = 0$.

16. Es sei $f(z) = \sum_{n=0}^{\infty} a_n z^n$ bis auf einen einfachen Pol $z_0 \in \partial \mathbb{E}$ um $\overline{\mathbb{E}}$ holomorph fortsetzbar. Zeige: $\lim_{n \to \infty} a_n/a_{n+1} = z_0$.

Globale Cauchy'sche Theorie

5

Wir wollen uns jetzt von all den einschränkenden Voraussetzungen der lokalen Cauchy'schen Theorie befreien: Bislang kennen wir etwa die Gültigkeit des Cauchy'schen Integralsatzes (vgl. Abschn. 2.3) nur für (innerhalb von Sterngebieten) zerlegbare Zyklen und diejenige der Cauchy'schen Integralformel (vgl. Abschn. 2.5) nur für Kreisscheiben. Wir suchen zunächst in Abschn. 5.2 nach einem *einfach* zu überprüfenden Kriterium, das all jene Zyklen Γ eines gegebenen Bereichs $U \subset \mathbb{C}$ charakterisiert, für welche der Cauchy'sche Integralsatz gültig bleibt:

$$\int_{\Gamma} f(z)\,dz = 0 \qquad (f \in H(U));$$

in Abschn. 5.6 charakterisieren wir dann die Gebiete, in denen er für *alle* Zyklen gilt.

5.1 Argument und Index

Wie in der lokalen Theorie besitzt $z \mapsto 1/z$ eine Sonderrolle.

Definition 5.1.1

Wir definieren

$$\mathrm{ind}_{\Gamma}(z) = \frac{1}{2\pi i}\int_{\Gamma}\frac{d\zeta}{\zeta - z}$$

als den *Index* eines Zyklus Γ bezüglich eines Punktes $z \in \mathbb{C} \setminus \Gamma$.[1]

---

[1] Wir schreiben kurz $U \setminus \Gamma$ für $U \setminus [\Gamma]$.

© Springer International Publishing AG, CH 2016

F. Bornemann, *Funktionentheorie*, Mathematik Kompakt, DOI 10.1007/978-3-0348-0974-0_5

Grundlage zur Berechnung des Index ist folgende geometrische Interpretation als *Umlaufzahl*:

Lemma 5.1.2 (Umlaufzahl) *Es sei* $\gamma : [a, b] \to \mathbb{C}^{\times}$ *ein Weg. Dann gibt es ein (bis auf eine additive Konstante aus* $2\pi\,\mathbb{Z}$ *eindeutiges) stückweise stetig differenzierbares Argument*[2] $\phi = \arg\gamma : [a, b] \to \mathbb{R}$, *so dass mit* $r(t) = |\gamma(t)|$

$$\gamma(t) = r(t)\,e^{i\phi(t)} \qquad (t \in [a, b]).$$

Wenn γ *geschlossen ist, dann gilt* $\mathrm{ind}_\gamma(0) = (\phi(b) - \phi(a))/2\pi \in \mathbb{Z}$.

Beweis Eindeutigkeit. Für zwei stetige Funktionen $\phi_1, \phi_2 : [a, b] \to \mathbb{R}$ mit

$$\gamma(t) = r(t)e^{i\phi_1(t)} = r(t)e^{i\phi_2(t)} \qquad (t \in [a, b])$$

gilt $\phi_1(t) = \phi_2(t) + 2\pi\,k(t)$ für $k(t) \in \mathbb{Z}$. Mit ϕ_1, ϕ_2 ist auch $k : [a, b] \to \mathbb{Z}$ stetig und daher konstant.

Existenz. Ohne Einschränkung betrachten wir den Fall, dass γ stetig differenzierbar ist (anderenfalls starten wir an jedem Verheftungspunkt neu). Gäbe es nun ein stetig differenzierbares Argument $\phi = \arg\gamma$, so wäre

$$\frac{\gamma'(t)}{\gamma(t)} = \frac{r'(t)}{r(t)} + i\phi'(t). \tag{5.1.1}$$

Wir *definieren* daher auf $[a, b]$ die stetig differenzierbaren „Kandidaten"

$$\phi(t) = \phi(a) + \int_a^t \mathrm{Im}\,\frac{\gamma'(\tau)}{\gamma(\tau)}\,d\tau, \qquad \tilde{\gamma}(t) = r(t)e^{i\phi(t)},$$

wobei $\phi(a)$ so gewählt wurde, dass $\tilde{\gamma}(a) = \gamma(a)$. Nach Konstruktion gilt

$$\frac{\tilde{\gamma}'}{\tilde{\gamma}} = \frac{r'}{r} + i\phi' = \mathrm{Re}\,\frac{\gamma'}{\gamma} + i\,\mathrm{Im}\,\frac{\gamma'}{\gamma} = \frac{\gamma'}{\gamma}.$$

Die Hilfsfunktion $h = \tilde{\gamma}/\gamma$ erfüllt also $h(a) = 1$ und

$$h' = \frac{\tilde{\gamma}'\gamma - \tilde{\gamma}\gamma'}{\gamma^2} = 0,$$

so dass $h = 1$ und damit schließlich $\tilde{\gamma} = \gamma$ auf $[a, b]$.

---

[2] Beachte: $\phi = \mathrm{Arg} \circ \gamma$ *springt* um $\pm 2\pi$, wenn γ die negative reelle Achse kreuzt.

Index. Wenn γ geschlossen ist, gilt $\gamma(b) = \gamma(a)$ und daher

$$\phi(b) - \phi(a) \in 2\pi\,\mathbb{Z}.$$

Aus $\gamma(b) = \gamma(a)$ folgt aber auch $r(b) = r(a)$ und damit wegen (5.1.1)

$$\text{ind}_\gamma(0) = \frac{1}{2\pi i}\int_\gamma \frac{d\zeta}{\zeta} = \frac{1}{2\pi i}\int_a^b \frac{\gamma'(t)}{\gamma(t)}\,dt$$

$$= \frac{1}{2\pi i}\int_a^b \frac{r'(t)}{r(t)}\,dt + \frac{1}{2\pi}\int_a^b \phi'(t)\,dt = \underbrace{\frac{\log r(b) - \log r(a)}{2\pi i}}_{=0} + \frac{\phi(b) - \phi(a)}{2\pi},$$

so dass $\text{ind}_\gamma(0) = (\phi(b) - \phi(a))/2\pi \in \mathbb{Z}$. □

Im Prinzip lässt sich der Index $\text{ind}_\gamma(z)$ eines Wegs γ also als Umlaufzahl um z bestimmen, d. h. als Gesamtzuwachs von $\arg(\gamma - z)$ entlang des Wegs. Wie Abb. 5.1 zeigt, ist es jedoch leicht möglich, dabei den Überblick zu verlieren. Die Ganzzahligkeit des Index wird uns aber zu einem weiteren, sehr einfachen Algorithmus für seine Berechnung führen.

Da die Verbindbarkeit zweier Punkte durch einen Weg auf einem Bereich $U \subset \mathbb{C}$ eine Äquivalenzrelation darstellt, ist U disjunkte Vereinigung von Gebieten; diese heißen die *(Weg-)Komponenten* von U. Insbesondere zerfällt das Komplement $\mathbb{C} \setminus \Gamma$ eines Zyklus Γ als offene Menge in Komponenten; da sein Träger $[\Gamma]$ kompakt ist, gibt es zudem genau eine unbeschränkte Komponente (siehe Abb. 5.1).

Korollar 5.1.3 *Es sei Γ ein Zyklus in $\mathbb{C}$. Dann ist $\text{ind}_\Gamma : \mathbb{C} \setminus \Gamma \to \mathbb{Z}$ auf jeder Komponente von $\mathbb{C} \setminus \Gamma$ konstant und auf der unbeschränkten Komponente Null.*

Beweis Es sei $\Gamma = \sum_{j=1}^k n_j \gamma_j$ mit geschlossenen Wegen γ_j und $n_j \in \mathbb{Z}$. Aus dem Lemma 5.1.2 über die Umlaufzahl folgt daher für $z \in \mathbb{C} \setminus \Gamma$

$$\text{ind}_\Gamma(z) = \frac{1}{2\pi i}\int_\Gamma \frac{d\zeta}{\zeta - z} = \frac{1}{2\pi i}\sum_{j=1}^k n_j \int_{\gamma_j} \frac{d\zeta}{\zeta - z} = \sum_{j=1}^k n_j\,\text{ind}_{\gamma_j}(z) \in \mathbb{Z}.$$

Aus der Standardabschätzung (2.1.4) folgt für $z, z' \in \mathbb{C} \setminus \Gamma$

$$|\text{ind}_\Gamma(z) - \text{ind}_\Gamma(z')| = \frac{1}{2\pi}\left|\int_\Gamma \frac{z - z'}{(\zeta - z)(\zeta - z')}\,d\zeta\right| \leq \frac{L(\Gamma)\,|z - z'|}{2\pi\,\text{dist}(\{z, z'\}, \Gamma)^2}$$

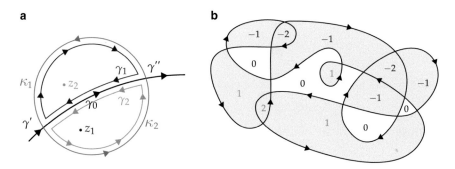

Abb. 5.1 Berechnung von $\mathrm{ind}_\Gamma(z)$ mit der Vorfahrtsregel

und damit die Stetigkeit von $\mathrm{ind}_\Gamma : \mathbb{C} \setminus \Gamma \to \mathbb{Z}$. Liegen nun z_0 und z_1 in der gleichen Komponente, so sind sie durch einen Weg $\gamma : [0, 1] \to \mathbb{C} \setminus \Gamma$ verbindbar; als stetige Funktion muss $\mathrm{ind}_\Gamma \circ \gamma : [0, 1] \to \mathbb{Z}$ dann konstant sein, und es gilt $\mathrm{ind}_\Gamma(z_0) = \mathrm{ind}_\Gamma(z_1)$. Schließlich liefert die Standardabschätzung

$$\mathrm{ind}_\Gamma(z) \le \frac{L(\Gamma)}{2\pi \, \mathrm{dist}(z, \Gamma)} \to 0 \qquad (z \to \infty),$$

so dass der konstante ganzzahlige Wert von ind_Γ auf der unbeschränkten Komponente tatsächlich Null ist.   □

Nach diesen Vorbereitungen gelangen wir zu dem Algorithmus, mit dem der Index ind_Γ konkret berechnet werden kann.

Satz 5.1.4 (Vorfahrtsregel) *Es seien Γ ein Zyklus und z_1, z_2 Punkte aus verschiedenen Komponenten von $\mathbb{C} \setminus \Gamma$. Es gebe einen Weg von z_1 nach z_2, der Γ genau einmal schneidet. Dabei werde Γ (bezüglich seiner Orientierung) von rechts nach links in einem m-fach durchlaufenen Teil außerhalb einer Kreuzung überquert. Dann gilt*

$$\mathrm{ind}_\Gamma(z_2) = \mathrm{ind}_\Gamma(z_1) + m.$$

Da der Punkt auf der rechten Seite von Γ damit den kleineren Index besitzt, sprechen wir von der Vorfahrtsregel: „rechts vor links".

Beweis Da $\mathrm{ind}_\Gamma(z)$ auf jeder Komponente konstant ist, reicht es aus, die in Abb. 5.1a skizzierte Situation zu betrachten: Γ zerschneide eine kleine Kreisscheibe B in genau zwei Komponenten, z_1 liege in der rechten, z_2 in der linken Komponente. Der Schnitt von B mit Γ sei ein Teilweg γ_0, der von Γ insgesamt m-fach durchlaufen werde. Der Verbindungsweg der beiden Endpunkte von γ_0 entlang der positiv orientierten Kreislinie $\kappa = \partial B$

heiße in der linken Komponente κ_1, in der rechten κ_2. Wir bilden die geschlossenen Wege

$$\gamma_1 = -\gamma_0 - \kappa_1, \qquad \gamma_2 = -\gamma_0 + \kappa_2 = \gamma_1 + \kappa.$$

Da z_j jeweils in der unbeschränkten Komponente von $\mathbb{C} \setminus \gamma_j$ liegt, ist

$$\mathrm{ind}_{\gamma_j}(z_j) = 0.$$

Der Teilweg γ_0 wird von $\Gamma + m\gamma_2$ nicht länger durchlaufen, so dass sich z_1 und z_2 in derselben Komponente von $\mathbb{C} \setminus (\Gamma + m\gamma_2)$ befinden; somit gilt

$$\mathrm{ind}_{\Gamma+m\gamma_2}(z_1) = \mathrm{ind}_{\Gamma+m\gamma_2}(z_2).$$

Nach (2.4.3) ist schließlich $\mathrm{ind}_\kappa(z_1) = 1$, und wir erhalten zusammengesetzt

$$\begin{aligned}
\mathrm{ind}_\Gamma(z_2) &= \mathrm{ind}_{\Gamma+m\gamma_2}(z_2) = \mathrm{ind}_{\Gamma+m\gamma_2}(z_1) \\
&= \mathrm{ind}_{\Gamma+m\gamma_1}(z_1) + \mathrm{ind}_{m\kappa}(z_1) = \mathrm{ind}_{\Gamma+m\gamma_1}(z_1) + m = \mathrm{ind}_\Gamma(z_1) + m
\end{aligned}$$

und damit die Vorfahrtsregel.   □

Die vollständige Berechnung von ind_Γ erfolgt nun, indem – ausgehend vom Wert Null für die unbeschränkte Komponente – sukzessive jeder Komponente durch fortgesetztes Überqueren von Γ nach der Vorfahrtsregel ein Wert zugewiesen wird, siehe Abb. 5.1b.

5.2   Homologische Fassung des Integralsatzes

Zur Vorbereitung führen wir den aus der algebraischen Topologie stammenden Begriff der *Homologie* von Zyklen ein.

Definition 5.2.1

Es sei Γ ein Zyklus in $\mathbb{C}$ und $U \subset \mathbb{C}$ ein Bereich.

- Die (nach Korollar 5.1.3 offenen) Mengen

  $$\mathrm{Int}\,\Gamma = \{z \in \mathbb{C} \setminus \Gamma : \mathrm{ind}_\Gamma(z) \neq 0\}, \quad \mathrm{Ext}\,\Gamma = \{z \in \mathbb{C} \setminus \Gamma : \mathrm{ind}_\Gamma(z) = 0\},$$

  heißen das *Innere* (Interior) bzw. *Äußere* (Exterior) von Γ.
- Liegt Γ in U und gilt $\mathrm{Int}\,\Gamma \subset U$, so heißt Γ *nullhomolog in U*.
- Zwei Zyklen heißen *homolog in U*, wenn ihre Differenz nullhomolog ist.

So ist beispielsweise $\partial B_r(0)$ nullhomolog in $\mathbb{C}$, aber nicht in $\mathbb{C}^\times$.

Mit der Nullhomologie haben wir das zu Beginn des Kapitels gesuchte Kriterium für den Cauchy'schen Integralsatz gefunden:

Satz 5.2.2   *Es sei Γ ein Zyklus in einem Bereich $U \subset \mathbb{C}$. Dann sind äquivalent:*

(i)   *Γ ist nullhomolog in U.*
(ii) *Für alle $f \in H(U)$ gilt der Cauchy'sche Integralsatz $\int_\Gamma f(z)\,dz = 0$.*
(iii) *Für alle $f \in H(U)$ gilt die allgemeine Cauchy'sche Integralformel*

$$\operatorname{ind}_\Gamma(z)\,f(z) = \frac{1}{2\pi i} \int_\Gamma \frac{f(\zeta)}{\zeta - z}\,d\zeta \qquad (z \in U \setminus \Gamma). \tag{5.2.1}$$

Beweis Wir zeigen die Implikationskette (i) $\Leftarrow$ (ii) $\Leftarrow$ (iii) $\Leftarrow$ (i).

Schritt 1: (ii) $\Rightarrow$ (i). Für $z \notin U$ ist $\zeta \mapsto 1/(\zeta - z)$ holomorph in U. Aus dem Integralsatz (ii) folgt daher

$$\operatorname{ind}_\Gamma(z) = \frac{1}{2\pi i} \int_\Gamma \frac{d\zeta}{\zeta - z} = 0,$$

d. h. $z \in \operatorname{Ext}\Gamma$. Somit gilt $\operatorname{Int}\Gamma \subset U$, und Γ ist nullhomolog in U.

Schritt 2: (iii) $\Rightarrow$ (ii). Für ein festes $z \in U \setminus \Gamma$ sei $h(\zeta) = (\zeta - z)\,f(\zeta)$. Wenden wir die Integralformel (iii) auf die Funktion $h \in H(U)$ an, so erhalten wir aus $h(z) = 0$ den Integralsatz $\int_\Gamma f(\zeta)\,d\zeta = 0$.

Schritt 3: (i) $\Rightarrow$ (iii). Hier steckt die eigentliche Schwierigkeit; erst 1971 fand John D. Dixon [13] einen bemerkenswert kurzen, funktionentheoretischen Beweis, der völlig ohne topologische Überlegungen auskommt.[3] Nach Definition des Index müssen wir nämlich zeigen, dass

$$h(z) = \int_\Gamma \frac{f(\zeta) - f(z)}{\zeta - z}\,d\zeta$$

für $z \in U \setminus \Gamma$ Null ist. Dazu zeigen wir zwei Dinge: (3a) h lässt sich holomorph auf ganz $\mathbb{C}$ fortsetzen; (3b) es gilt $\lim_{z \to \infty} h(z) = 0$. Nach dem Satz von Liouville 3.2.2 ist h dann sogar auf ganz $\mathbb{C}$ identisch Null.

Schritt 3a: Der Differenzenquotient $g(\zeta, z) = (f(\zeta) - f(z))/(\zeta - z)$ lässt sich durch $g(z, z) = f'(z)$ zu einer stetigen Funktion $g : U \times U \to \mathbb{C}$ fortsetzen.[4] Für festes $\zeta \in U$ ist die Abbildung $z \mapsto g(\zeta, z)$ nach dem Hebbarkeitssatz 3.5.2 in U holomorph.

---

[3] Einen alternativen, topologischen Beweis des Satzes führen wir am Ende von Abschn. 5.6.
[4] Die Stetigkeit von $g(\zeta, z)$ ist für $\zeta \neq z$ völlig offensichtlich; für $g(z, z)$ folgt sie unmittelbar aus der Stetigkeit von f' mittels der lokalen Darstellung

$$g(z_2, z_1) - g(z, z) = \frac{1}{z_2 - z_1} \int_{[z_1, z_2]} (f'(w) - f'(z))\,dw.$$

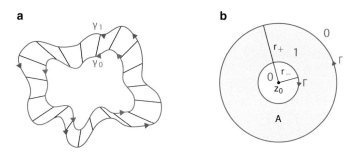

Abb. 5.2 Beispiele nullhomologer Zyklen. **a** Verbindungsstrecken in $U \Rightarrow \gamma_1 - \gamma_1$ nullhomolog; **b** Kreisring: Γ nullhomolog um A

Als Fortsetzung von h definieren wir

$$h(z) = \begin{cases} \int_\Gamma g(\zeta, z)\, d\zeta & z \in U, \\ \int_\Gamma (\zeta - z)^{-1} f(\zeta)\, d\zeta & z \in \operatorname{Ext} \Gamma; \end{cases}$$

beide Ausdrücke stimmen für $z \in U \cap \operatorname{Ext} \Gamma$ wegen $\operatorname{ind}_\Gamma(z) = 0$ überein. Nach Voraussetzung (i) ist Γ nullhomolog, so dass $\mathbb{C} \setminus U \subset \operatorname{Ext} \Gamma$ und h daher auf ganz $\mathbb{C}$ fortgesetzt ist. Nach dem Weierstraß'schen Konvergenzsatz 3.3.2 (man approximiere die Integrale durch Summen) ist h auf $\mathbb{C}$ zudem holomorph.

Schritt 3b: Da die unbeschränkte Komponente von $\mathbb{C} \setminus \Gamma$ in $\operatorname{Ext} \Gamma$ liegt, ist

$$|h(z)| = \left| \int_\Gamma \frac{f(\zeta)}{\zeta - z}\, d\zeta \right| \le \frac{L(\Gamma) \, \|f\|_\Gamma}{\operatorname{dist}(z, \Gamma)} \to 0 \qquad (z \to \infty), \tag{5.2.2}$$

womit der Beweis von Schritt 3 abgeschlossen ist. □

Als erste Anwendung formulieren wir eine sehr nützliche Verallgemeinerung der Zentrierung (2.4.2); siehe Abb. 5.2a.

Korollar 5.2.3 *Es seien* $\gamma_0, \gamma_1 : [0, 1] \to \mathbb{C}$ *geschlossene Wege im Bereich* $U \subset \mathbb{C}$ *mit*

$$[\gamma_0(t), \gamma_1(t)] \subset U \qquad (t \in [0, 1]).$$

Dann sind γ_0 *und* γ_1 *homolog in* U; *insbesondere gilt also für* $f \in H(U)$

$$\int_{\gamma_0} f(z)\, dz = \int_{\gamma_1} f(z)\, dz. \tag{5.2.3}$$

▶ **Bemerkung 5.2.4** Im Fall eines konstanten Wegs $\gamma_0(t) \equiv z_0$ gilt $\int_{\gamma_1} f(z)\,dz = 0$; wir erhalten so den Cauchy'schen Integralsatz 2.3.2 für Sterngebiete zurück.

Beweis Nach Voraussetzung definiert $\gamma_s(t) = (1-s)\gamma_0(t) + s\gamma_1(t)$ für jedes $s \in [0,1]$ einen geschlossenen Weg in U. Daher ist

$$s \in [0,1] \mapsto \frac{1}{2\pi i} \int_0^1 \frac{(1-s)\gamma_0'(t) + s\gamma_1'(t)}{(1-s)\gamma_0(t) + s\gamma_1(t) - z}\,dt = \frac{1}{2\pi i} \int_{\gamma_s} \frac{d\zeta}{\zeta - z} = \operatorname{ind}_{\gamma_s}(z) \in \mathbb{Z}$$

für $z \notin U$ stetig und somit konstant; also ist $\operatorname{ind}_{\gamma_0}(z) = \operatorname{ind}_{\gamma_1}(z)$: Folglich sind γ_0 und γ_1 in U homolog. Angewendet auf den nullhomologen Zyklus $\Gamma = \gamma_1 - \gamma_0$ erledigt der Cauchy'sche Integralsatz 5.2.2 nun den Rest. □

Homotopien Korollar 5.2.3 ist ein Beispiel für eine weitere Fassung des Cauchy'schen Integralsatzes: Lassen sich zwei geschlossene Wege γ_0 und γ_1 innerhalb von U „stetig ineinander deformieren", so gilt (5.2.3). Eine solche Deformation wird durch eine stetige Abbildung

$$H : [0,1]^2 \to U$$

formalisiert, für die $H(0, \cdot) = \gamma_0$ und $H(1, \cdot) = \gamma_1$ ist; H heißt *Homotopie in U*, γ_0 und γ_1 heißen *homotop in U*. Ist die partielle Ableitung $\partial_t H(s,t)$ stetig, so lässt sich wie im Beweis des Korollars zeigen, dass γ_0 und γ_1 in U homolog sind und daher (5.2.3) gilt. Beides ist zwar auch ohne Zusatzvoraussetzung richtig, der Beweis ist dann aber deutlich aufwändiger, da $\gamma_s = H(s, \cdot)$ i. Allg. kein Integrationsweg mehr zu sein braucht. In der Praxis wird diese Allgemeinheit sehr selten benötigt.

5.3   Laurententwicklung

Wir wollen die in Lemma 3.5.5 um Pole eingeführte Laurententwicklung auf wesentliche Singularitäten verallgemeinern und damit die drei Typen isolierter Singularitäten abschließend behandeln. Dazu betrachten wir einen offenen Kreisring

$$A = \{z \in \mathbb{C} : r_- < |z - z_0| < r_+\} = B_+ \cap (\mathbb{C} \setminus \overline{B_-}), \qquad B_\pm = B_{r_\pm}(z_0)$$

und eine in einer offenen Umgebung U von $\overline{A}$ holomorphe Funktion f. Mit Hilfe der Vorfahrtsregel sehen wir (siehe Abb. 5.2b), dass der Randzyklus $\Gamma = \partial B_+ - \partial B_-$ nullhomolog in U ist; es gilt $\operatorname{ind}_\Gamma(z) = 1$ für alle $z \in A$. Die Cauchy'sche Integralformel (5.2.1) liefert daher

$$f(z) = \frac{1}{2\pi i} \int_{\partial B_+} \frac{f(\zeta)}{\zeta - z}\,d\zeta + \frac{-1}{2\pi i} \int_{\partial B_-} \frac{f(\zeta)}{\zeta - z}\,d\zeta = f^+(z) + f^-(z) \quad (z \in A).$$

Die Integrale zeigen, dass beide Summanden holomorphe Fortsetzungen

$$f^+ \in H(B_+) \quad \text{und} \quad f^- \in H(\mathbb{C} \setminus \overline{B_-})$$

besitzen. Wegen Abschätzung (5.2.2) gilt zudem $f^-(z) \to 0$ für $z \to \infty$. Eine derartige Zerlegung $f = f^+ + f^-$ heißt *Laurentdarstellung* von f im Kreisring A; dabei heißt f^+ *Nebenteil* und f^- *Hauptteil* von f.

Nach dem Hebbarkeitssatz 3.5.2 ist $f^-(z_0 + 1/w)$ in $|w| < 1/r_-$ holomorph und hat für $w = 0$ den Wert Null. Wir entwickeln Haupt- und Nebenteil in die Potenzreihen

$$f^+(z_0 + w) = \sum_{n=0}^{\infty} a_n w^n, \qquad f^-(z_0 + w^{-1}) = \sum_{n=1}^{\infty} a_{-n} w^n;$$

gültig für $|w| < r_+$ bzw. $|w| < 1/r_-$. Das ergibt die *Laurententwicklung* in A

$$f(z) = \sum_{n=-\infty}^{\infty} a_n(z - z_0)^n \qquad (z \in A);$$

wie die Potenzreihen konvergiert eine solche *Laurentreihe* lokal-gleichmäßig. Bei Wegintegralen dürfen daher Summation und Integration vertauscht werden; (2.1.2) und (2.2.1) liefern dann für $n \in \mathbb{Z}$ und $r_- < r < r_+$

$$\frac{1}{2\pi i} \int_{\partial B_r(z_0)} \frac{f(\zeta)}{(\zeta - z_0)^{n+1}} \, d\zeta = \frac{1}{2\pi i} \sum_{m=-\infty}^{\infty} a_m \int_{\partial B_r(0)} \zeta^{m-n-1} \, d\zeta = a_n;$$

diese Verallgemeinerung der Cauchy'schen Integralformel (2.5.3b) zeigt insbesondere, dass die Koeffizienten der Laurententwicklung in A und damit auch Haupt- und Nebenteil f^- bzw. f^+ eindeutig sind.

Wir haben insgesamt folgenden Satz bewiesen, wobei wir bemerken, dass er auch für $r_- = 0$ und $r_+ = \infty$ richtig bleibt; die Verallgemeinerung der Cauchy'schen Ungleichung (3.2.1b) folgt aus der Standardabschätzung.

Satz 5.3.1 *Jede im Kreisring $A = \{z \in \mathbb{C} : r_- < |z - z_0| < r_+\}$ holomorphe Funktion f ist in A eindeutig in eine Laurentreihe entwickelbar:*

$$f(z) = \sum_{n=-\infty}^{\infty} a_n(z - z_0)^n \qquad (z \in A);$$

dabei konvergiert die Reihe lokal-gleichmäßig. Für $r_- < r < r_+$ und $n \in \mathbb{Z}$ gilt

$$a_n = \frac{1}{2\pi i} \int_{\partial B_r(z_0)} \frac{f(\zeta)}{(\zeta - z_0)^{n+1}} \, d\zeta, \qquad |a_n| r^n \le M(r) = \|f\|_{\partial B_r(z_0)}. \qquad (5.3.1)$$

Wir kommen auf die Klassifikation isolierter Singularitäten zurück: Dazu entwickeln wir $f \in H(U \setminus \{z_0\})$ um die Singularität $z_0 \in U$ in ihre Laurentreihe

$$f(z) = \sum_{n=-\infty}^{\infty} a_n(z - z_0)^n \qquad (z \in B_r'(z_0) \subset U).$$

Der Typ der Singularität lässt sich dann anhand von $v = \inf\{n \in \mathbb{Z} : a_n \neq 0\}$ bestimmen (vgl. mit Lemma 3.5.5):

$$v \geq 0: \quad z_0 \text{ ist hebbare Singularität;}$$
$$-\infty < v < 0: \quad z_0 \text{ ist Pol der Ordnung } m = -v;$$
$$v = -\infty: \quad z_0 \text{ ist wesentliche Singularität.}$$

Definition 5.3.2

Die Obstruktion für den Cauchy'schen Integralsatz liegt bei $f \in H(U \setminus \{z_0\})$ in genau einem Koeffizienten der Laurententwicklung: (5.3.1) zeigt nämlich

$$\mathrm{res}_{z_0} f = \frac{1}{2\pi i} \int_{\partial B_\rho(z_0)} f(z)\,dz = a_{-1} \qquad (0 < \rho < r); \tag{5.3.2}$$

diese Größe heißt *Residuum von f im Punkt z_0*.

Beispiel
Für Pole lässt sich das Residuum mit den Techniken aus Abschn. 4.1 leicht berechnen (Computeralgebra-Pakete bieten entsprechend einen Befehl); beispielsweise entnehmen wir (4.1.1)

$$\mathrm{res}_{z=0} \frac{1}{\tan z - z} = -\frac{6}{5}.$$

Auf diese Weise beweist man auch die häufig nützliche Formel

$$\mathrm{res}_{z=z_0} \frac{h(z)}{g(z)} = \frac{h(z_0)}{g'(z_0)} \qquad (g \text{ hat einfache Nullstelle in } z_0). \tag{5.3.3}$$

Für wesentliche Singularitäten gibt es kein generelles Rechenverfahren; im Spezialfall der aus einer ganzen transzendenten Funktion $f(z) = \sum_{n=0}^{\infty} a_n z^n$ gebildeten wesentlichen Singularität von $f(1/z)$ in $z = 0$ gilt

$$\mathrm{res}_{z=0} f(1/z) = a_1 = f'(0).$$

5.4 Residuensatz

Die lokale Residuenformel (5.3.2) findet in einem der nützlichsten Ergebnisse der elementaren Funktionentheorie ihre globale Fassung:

Satz 5.4.1 (Residuensatz) *Es sei S diskret im Bereich U und $f \in H(U \setminus S)$. Dann gilt für jeden in U nullhomologen Zyklus Γ, der S nicht durchläuft, dass*

$$\frac{1}{2\pi i} \int_{\Gamma} f(z)\,dz = \sum_{z \in S \cap \text{Int}\,\Gamma} \text{ind}_{\Gamma}(z)\ \text{res}_z f. \tag{5.4.1}$$

Dabei wird mit $S \cap \text{Int}\,\Gamma$ über eine endliche Menge summiert.

Beweis Schritt 1. Da $\text{Ext}\,\Gamma$ die unbeschränkte Komponente von $\mathbb{C} \setminus \Gamma$ enthält, ist $K = \mathbb{C} \setminus \text{Ext}\,\Gamma$ kompakt. Aus Γ nullhomolog in U folgt $K \subset\subset U$, so dass

$$S_{\Gamma} = S \cap \text{Int}\,\Gamma \subset S \cap K$$

endlich ist (Definition 3.1); es sei $S_{\Gamma} = \{z_1, \ldots, z_s\}$. Zu jedem Punkt $z_j \in S_{\Gamma}$ wählen wir

$$\overline{B_j'} = \overline{B_{r_j}'(z_j)} \subset U \setminus S.$$

Setze $\gamma_j = \partial B_j$ und $m_j = \text{ind}_{\Gamma}(z_j)$. Es gilt $\text{ind}_{\gamma_j}(z_j) = 1$; für $z_j \neq z \notin U \setminus S$ ist $z \notin B_j$ und damit $\text{ind}_{\gamma_j}(z) = 0$, so dass insgesamt[5]

$$\text{ind}_{\gamma_j}(z) = [z = z_j] \qquad (z \notin U \setminus S).$$

Schritt 2. Der Zyklus $\Gamma_0 = \Gamma - m_1\gamma_1 - \cdots - m_s\gamma_s$ ist in $U \setminus S$ nullhomolog: Für $z \notin U \setminus S$ gilt nämlich (zur Veranschaulichung siehe Abb. 5.3)

$$\text{ind}_{\Gamma_0}(z) = \text{ind}_{\Gamma}(z) - \sum_{j=1}^{s} m_j\,\text{ind}_{\gamma_j}(z) = [z \in S_{\Gamma}]\,\text{ind}_{\Gamma}(z) - \sum_{j=1}^{s} m_j\,[z = z_j]$$

$$= [z \in \{z_1, \ldots, z_s\}]\,\text{ind}_{\Gamma}(z) - \sum_{j=1}^{s} \text{ind}_{\Gamma}(z_j)\,[z = z_j] = 0.$$

Schritt 3. Der Cauchy'sche Integralsatz 5.2.2 liefert nun $\int_{\Gamma_0} f(z)\,dz = 0$ und daher

$$\int_{\Gamma} f(z)\,dz = \sum_{j=1}^{s} m_j \int_{\gamma_j} f(z)\,dz = 2\pi i \sum_{j=1}^{s} m_j\,\text{res}_{z_j} f,$$

also ausgeschrieben die Behauptung (5.4.1). $\qquad\square$

---

[5] Die Iverson'sche Klammer $[A]$ steht für 1, wenn die Aussage A wahr ist, und 0 sonst.

Abb. 5.3 Residuensatz:
$\Gamma + \gamma_1 + 2\gamma_2 + \gamma_3 + 2\gamma_4$ ist nullhomolog in $U \setminus \{z_1, z_2, z_3, z_4\}$

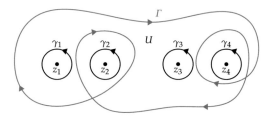

Wir werden zahlreiche Anwendungen dieses Satzes kennenlernen (man nennt das den *Residuenkalkül*), und zwar Strukturresultate im nächsten Abschnitt, konkrete Berechnungen von Integralen und Reihen im nächsten Kapitel. Folgende Begriffe vereinfachen oft die Formulierungen:

Definition 5.4.2

Ein Zyklus Γ heißt *einfach*, wenn ind_Γ nur die Werte 0 und 1 besitzt und $\mathrm{Int}\,\Gamma$ ein Gebiet ist; er heißt dann *Randzyklus* des Kompaktums

$$K = \mathbb{C} \setminus \mathrm{Ext}\,\Gamma = [\Gamma] \cup \mathrm{Int}\,\Gamma;$$

derartige K heißen *einfach berandet*, wir schreiben ∂K für Γ. Wir bemerken: Ist $K \subset\subset U$ einfach berandet, so ist ∂K nullhomolog in U.

So sind etwa Kreisscheiben, Ellipsen, Dreiecke, Rechtecke, Polygone, Kreisringe usw. einfach berandet (siehe Abb. 5.2).

Korollar 5.4.3 (Einfache Form des Residuensatzes) *Es sei $K \subset\subset U$ einfach berandet, S diskret in U und $f \in H(U \setminus S)$. Gilt $S \cap \partial K = \emptyset$, dann ist*

$$\frac{1}{2\pi i} \int\limits_{\partial K} f(z)\,dz = \sum_{z \in S \cap K} \mathrm{res}_z\, f. \tag{5.4.2}$$

5.5 Anzahl von Null- und Polstellen

Eine wichtige Anwendung des Residuensatzes besteht im Zählen von Nullstellen und Polen meromorpher Funktionen. Ist nämlich $f \in M(U)$ nicht konstant Null, so können wir f um $z_0 \in U$ in eine Laurentreihe der Form

$$f(z) = \sum_{n=m}^{\infty} a_n (z - z_0)^n = (z - z_0)^m g(z)$$

entwickeln, dabei ist $a_m \neq 0$ und g also um z_0 holomorph mit $g(z_0) \neq 0$. Für $m < 0$ ist z_0 Pol der Ordnung $-m$, für $m > 0$ Nullstelle der Ordnung m und für $m = 0$ weder Pol noch Nullstelle; diese signierte Vielfachheit lässt sich als Residuum der logarithmischen Ableitung von f in z_0 auslesen:

$$\frac{f'(z)}{f(z)} = \frac{m}{z - z_0} + \frac{g'(z)}{g(z)} \quad \text{und damit} \quad \operatorname{res}_{z_0} f'/f = m. \tag{5.5.1}$$

Die Version (5.4.2) des Residuensatzes macht daraus sofort etwas Globales:

Satz 5.5.1 (Argumentprinzip) *Es sei $K \subset\subset U$ einfach berandet; auf ∂K liege keine w-Stelle und kein Pol der meromorphen Funktion $f \in M(U)$. Dann gilt*

$$\operatorname{ind}_{f \circ \partial K}(w) = \frac{1}{2\pi i} \int\limits_{\partial K} \frac{f'(z)}{f(z) - w} \, dz = N_f(w, K) - N_f(\infty, K). \tag{5.5.2}$$

Dabei bezeichnet $N_f(w, K)$ bzw. $N_f(\infty, K)$ die in ihrer Vielfachheit gezählte Anzahl der w-Stellen bzw. Pole von f in K.

▶ **Bemerkung 5.5.2** Die Bezeichnung „Argumentprinzip" für (5.5.2) erklärt sich so: Nach Lemma 5.1.2 gilt für geschlossene Wege $\gamma : [a, b] \to \mathbb{C}$, auf denen keine Nullstelle und kein Pol von f liegt, dass

$$\operatorname{ind}_{f \circ \gamma}(0) = \frac{\arg f \circ \gamma(b) - \arg f \circ \gamma(a)}{2\pi}.$$

Beispiel

Das Zählen von Nullstellen *und* Polen kann schön am Beweis des Fundamentalsatzes der Algebra vorgeführt werden: Es sei (mit $a_n \neq 0$)

$$p(z) = a_0 + a_1 z + \cdots + a_n z^n$$

ein von Null verschiedenes Polynom vom Grad n. Dann gibt es ein $r > 0$, so dass p in $\mathbb{C} \setminus B_r(0)$ keine Nullstellen besitzt. Die rationale Funktion

$$q(w) = p(1/w) = a_n w^{-n} + \cdots + a_1 w^{-1} + a_0$$

hat in $w = 0$ einen n-fachen Pol, aber keine weiteren Pole oder Nullstellen in $\overline{B}_{1/r}(0) \subset\subset \mathbb{C}$. Da p polfrei ist, folgt daher aus dem Argumentprinzip mit der Substitution $w = 1/z$ (welche die Orientierung des Randzyklus umkehrt)

$$-n = \frac{1}{2\pi i} \int\limits_{\partial B_{1/r}(0)} \frac{q'(w)}{q(w)} \, dw = -\frac{1}{2\pi i} \int\limits_{\partial B_r(0)} \frac{p'(z)}{p(z)} \, dz = -N_p(0, \overline{B_r(0)}).$$

Also besitzt p der Vielfachheit nach genau n Nullstellen in $B_r(0)$.

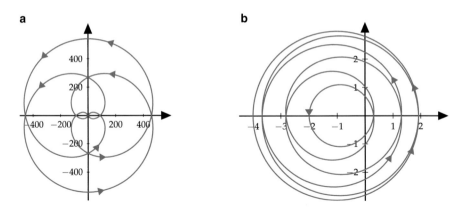

Abb. 5.4 Beispiele zum Argumentprinzip. **a** Bild von $|z| = 7$ unter $f(z) = \sin z - z$; **b** Bild von $|z| = 1$ unter $f(z) = z^6(z - 2) - 1$

Ist also $K \subset\subset \mathbb{C}$ durch einen geschlossenen Weg γ einfach berandet und ist f um K holomorph mit $0 \notin f(\partial K)$, dann gilt insbesondere

$$N_f(0, K) = \operatorname{ind}_{f \circ \gamma}(0); \tag{5.5.3}$$

diese Zahl lässt sich aus einem Plot von $f \circ \gamma$ mit der Vorfahrtsregel bestimmen. So sehen wir etwa, dass (a) $\sin z - z$ in $|z| \leq 7$ nur die dreifache Nullstelle $z = 0$ hat und (b) $z^6(z - 2) - 1$ außerhalb von $|z| \leq 1$ genau eine Nullstelle besitzt; siehe Abb. 5.4.

Oft lässt sich die Nullstellenzahl einer holomorphen Funktion ohne jede Berechnung von Integralen oder Bestimmung von Umlaufzahlen ermitteln; sie ändert sich nämlich gegenüber einer Vergleichsfunktion nicht, wenn eine einfache Randabschätzung (strikte Dreiecksungleichung) erfüllt ist – wie der folgende Beweis zeigt, handelt es sich dabei tatsächlich um ein „konfektioniertes" Homotopieargument:

Satz 5.5.3 (Rouché[6]) *Es sei $K \subset\subset U$ einfach berandet. Für $f, g \in H(U)$ gelte*

$$|f(z) - g(z)| < |f(z)| + |g(z)| \qquad (z \in \partial K).$$

Dann ist $N_f(0, K) = N_g(0, K)$.

Beweis Es sei $\Gamma = \sum_{j=1}^{k} \gamma_j$ Randzyklus von ∂K; dabei seien die $\gamma_j : [0, 1] \to \mathbb{C}$ geschlossene Wege mit Träger in ∂K. Nach Voraussetzung[7] gilt

$$[f \circ \gamma_j(t), g \circ \gamma_j(t)] \subset \mathbb{C}^\times \qquad (t \in [0, 1]),$$

---

[6] strenggenommen: die Estermann'sche *Verschärfung* des Satzes von Rouché

[7] Elementargeometrie zeigt die Äquivalenz $0 \in [w, z] \Leftrightarrow |w - z| = |w| + |z|$.

so dass $f \circ \gamma_j$ und $g \circ \gamma_j$ nach Korollar 5.2.3 homolog in $\mathbb{C}^\times$ sind und damit $\text{ind}_{f \circ \gamma_j}(0) = \text{ind}_{g \circ \gamma_j}(0)$ gilt. Daher folgt aus dem Argumentprinzip in der Form (5.5.3), dass

$$N_f(0, K) = \sum_{j=1}^{k} \text{ind}_{f \circ \gamma_j}(0) = \sum_{j=1}^{k} \text{ind}_{g \circ \gamma_j}(0) = N_g(0, K),$$

womit alles bewiesen ist.   □

Beispiel
Jedes stetige $f : \overline{\mathbb{E}} \to \overline{\mathbb{E}}$ hat nach dem Brouwer'schen Fixpunktsatz mindestens einen Fixpunkt. Ist f zusätzlich um $\overline{\mathbb{E}}$ holomorph und liegen auf $\partial\mathbb{E}$ keine Fixpunkte, so besitzt f tatsächlich *genau einen* Fixpunkt in $\overline{\mathbb{E}}$. Dazu wenden wir den Satz von Rouché auf $h(z) = f(z) - z$ und $g(z) = -z$ an; es gilt nämlich für alle $z \in \partial\mathbb{E}$

$$|h(z) - g(z)| = |f(z)| \leq 1 < |f(z) - z| + 1 = |h(z)| + |g(z)|,$$

so dass wie behauptet $N_h(0; \overline{\mathbb{E}}) = N_g(0; \overline{\mathbb{E}}) = 1$.

5.6   Einfach zusammenhängende Gebiete

In welchen Gebieten gilt der Cauchy'sche Integralsatz für *alle* Zyklen? Nach seiner homologischen Fassung (vgl. Abschn. 5.2) genau in folgenden:

Definition 5.6.1

Ein Gebiet $U \subset \mathbb{C}$ heißt *einfach zusammenhängend*, falls jeder dort getragene Zyklus nullhomolog in U ist.[8]

Mit dieser Definition allein ist noch nicht viel gewonnen; wir benötigen weitere, funktionentheoretische sowie topologische Charakterisierungen.

Satz 5.6.2 *Folgende Aussagen über ein Gebiet $U \subset \mathbb{C}$ sind äquivalent:*

(i)   *U ist einfach zusammenhängend.*
(ii) *Für alle $f \in H(U)$ und jeden Zyklus Γ in U gilt $\int_\Gamma f(z)\, dz = 0$.*
(iii) *Jedes $f \in H(U)$ besitzt eine Stammfunktion $F \in H(U)$.*
(iv) *Jedes nullstellenfreie $f \in H(U)$ besitzt einen Logarithmus $\log f \in H(U)$.*

Dabei nennen wir eine Funktion g Logarithmus von f in U, falls $e^g = f$.[9]

---

[8] Da das Komplement $\mathbb{C} \setminus U$ verwendet wird, „verschleiert" diese funktionentheoretisch bequeme Definition die topologische Invarianz des Konzepts; Topologen benutzen stattdessen – äquivalent – eine intrinsische, homotopische Definition.
[9] Ein solches $g = \log f$ kann i. Allg. nicht auf die Form $\log \circ f$ gebracht werden: So ist etwa $\text{id} = \log \exp$ auf $\mathbb{C}$ nicht von dieser Form, da $\exp$ dort nicht injektiv ist.

Abb. 5.5 Einfacher Zusammenhang: U_1 hängt einfach zusammen; U_2, U_3 nicht

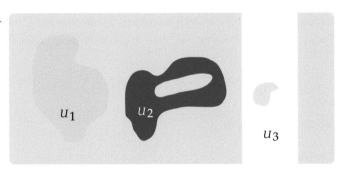

Beweis (i) $\Rightarrow$ (ii) folgt unmittelbar aus Satz 5.2.2 und (ii) $\Rightarrow$ (iii) aus Satz 2.2.1.

Schritt 1: (iii) $\Rightarrow$ (iv). Wegen (iii) besitzt die holomorphe Funktion f'/f eine Stammfunktion $g \in H(U)$, die wir durch Addition einer Konstanten so wählen dürfen, dass $e^{g(z_0)} = f(z_0)$ für ein vorab fixiertes $z_0 \in U$. Um $e^g = f$ in U zu zeigen, betrachten wir $h = fe^{-g} \in H(U)$; wegen $g' = f'/f$ ist

$$h' = (f' - fg')e^{-g} = 0.$$

Da U ein Gebiet ist, ist also wie gewünscht $h \equiv h(z_0) = 1$ auf U konstant.

Schritt 2: (iv) $\Rightarrow$ (i). Es sei Γ Zyklus in U. Wegen (iv) existiert zu $z_0 \notin U$ ein in U holomorpher Logarithmus $f(z) = \log(z - z_0)$; Differentiation der Beziehung $e^{f(z)} = z - z_0$ liefert $f'(z) = 1/(z - z_0)$. Nach Satz 2.2.1 ist

$$\mathrm{ind}_\Gamma(z_0) = \frac{1}{2\pi i} \int_\Gamma \frac{dz}{z - z_0} = \frac{1}{2\pi i} \int_\Gamma f'(z)\,dz = 0;$$

also ist $\mathbb{C} \setminus U \subset \mathrm{Ext}\,\Gamma$ und Γ daher nullhomolog in U. $\qquad\square$

Beispiel
Nach Satz 2.3.2 sind sternförmige Gebiete einfach zusammenhängend.

▶ **Bemerkung 5.6.3** Wir gelangen schnell zu weiteren Beispielen: *Biholomorphe Bilder einfach zusammenhängender Gebiete sind ebensolche Gebiete.* Denn bildet T das einfach zusammenhängende Gebiet U biholomorph auf U' ab, so besitzt jedes nullstellenfreie $f \in H(U')$ mit $\log(f \circ T) \circ T^{-1}$ einen Logarithmus in $H(U')$.

Tatsächlich lässt sich *jedes* Beispiel so erzeugen: Ein einfach zusammenhängendes Gebiet $U \neq \mathbb{C}$ ist nach dem in Abschn. 7.6 behandelten Riemann'schen Abbildungssatz stets ein biholomorphes Bild der Einheitskreisscheibe $\mathbb{E}$.

Topologische Charakterisierung Anschaulich gesehen besitzen einfach zusammenhängende Gebiete nämlich kein „Loch", siehe Abb. 5.5. Wir formalisieren dieses topologische Konzept:

Abb. 5.6 Zum Beweis des
Lemma von Saks-Zygmund

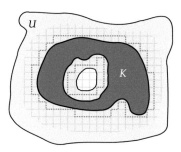

Definition 5.6.4

$K \subset\subset \mathbb{C} \setminus U$ heißt *Loch* in U, falls $K \neq \emptyset$ und $U \cup K$ offen ist.[10]

So ist beispielsweise $K = \{0\}$ Loch in $\mathbb{C}^{\times}$ und $\overline{\mathbb{E}}$ ist Loch in $\mathbb{C} \setminus \overline{\mathbb{E}}$.

Zur weiteren Vorbereitung benötigen wir ein Lemma von unabhängigem Interesse, das kompakte Mengen funktionentheoretisch „indiziert":

Lemma 5.6.5 (Saks-Zygmund) *Es sei $K \neq \emptyset$ kompakte Teilmenge des Bereichs U. Dann existiert in $U \setminus K$ ein einfacher Zyklus Γ mit $K \subset \operatorname{Int} \Gamma \subset U$. Es gilt also*

$$\operatorname{ind}_\Gamma(z) = \begin{cases} 1 & z \in K; \\ 0 & z \notin U. \end{cases}$$

Beweis Wie in Abb. 5.6 legen wir auf $\mathbb{C}$ ein achsenparalleles Gitter kompakter Quadrate der Seitenlänge δ; da K kompakt ist, trifft es nur endlich viele Quadrate $Q_1, \ldots, Q_k$. Für hinreichend kleines δ gilt daher

$$K \subset K_0 = \bigcup_{j=1}^{k} Q_j \subset U.$$

Wir bilden nun die Kette Γ als Summe derjenigen Kanten der positiv orientierten Ränder ∂Q_j, die keine gemeinsame Seite zweier verschiedener Quadrate aus $Q_1, \ldots, Q_k$ sind. Dann gilt $[\Gamma] \subset U \setminus K$; anderenfalls würde K nämlich eine Kante aus Γ schneiden und damit auch – im Widerspruch zur Konstruktion von Γ – beide angrenzenden Quadrate. Es gilt

$$\Gamma = \sum_{j=1}^{k} \partial Q_j, \tag{5.6.1}$$

---

[10] Wir verzichten darauf zu fordern, dass K *minimal* bez. dieser Eigenschaften ist.

da die in Γ „gelöschten" Kanten rechts genau zweimal in gegenläufiger Richtung auftauchen; Γ ist damit ein Zyklus. Da die Q_j einfach berandet sind, ist Γ Randzyklus der kompakten Menge K_0: Für $z \notin K_0$ gilt nämlich

$$\mathrm{ind}_\Gamma(z) = \sum_{j=1}^{k} \mathrm{ind}_{\partial Q_j}(z) = 0$$

und für z im Innern eines Q_m

$$\mathrm{ind}_\Gamma(z) = \sum_{j=1}^{k} \mathrm{ind}_{\partial Q_j}(z) = \sum_{j=1}^{k} [j = m] = 1.$$

Liegt z auf einem $\partial Q_m \setminus \Gamma$, so ist aus Stetigkeitsgründen $\mathrm{ind}_\Gamma(z) = 1$. $\qquad\square$

▶ **Bemerkung 5.6.6** Auf Basis des Lemma von Saks-Zygmund lässt sich ein kurzer, funktionalanalytischer Beweis [29, S. 323f] des für den höheren Ausbau der Funktionentheorie wichtigen und anwendungsreichen *Approximationssatzes von Carl Runge* führen:

> *Es sei $K \subset\subset \mathbb{C}$ und P enthalte aus jeder Komponente von $\mathbb{C} \setminus K$ einen Punkt (für die unbeschränkte Komponente darf ∞ gewählt werden). Eine um K holomorphe Funktion ist dann auf K gleichmäßig durch rationale Funktionen approximierbar, deren Pole in P liegen.*

Eine Diskussion jenes Beweises und der hierauf aufbauenden Runge'schen Theorie [28, Kap. 12–14] sprengt leider den Rahmen unseres Buches.

Jetzt können wir die eingangs genannte Charakterisierung präzisieren.

Korollar 5.6.7 *Ein Gebiet hängt genau dann einfach zusammen, wenn es lochfrei ist.*

Beweis Schritt 1: „$\Rightarrow$". Für ein einfach zusammenhängendes Gebiet U gilt: Jedes $K \subset\subset \mathbb{C} \setminus U$ mit offenem $V = U \cup K$ ist leer. Denn es gibt nach dem Lemma von Saks-Zygmund einen einfachen Zyklus Γ in $V \setminus K = U$ mit $K \subset \mathrm{Int}\,\Gamma$. Da Γ aber nullhomolog in U ist, gilt $\mathrm{Int}\,\Gamma \subset U$ und damit $K = \emptyset$.

Schritt 2: „$\Leftarrow$". Wir zeigen die Kontraposition: Für Γ nicht nullhomolog im Gebiet U ist $K = \mathrm{Int}\,\Gamma \setminus U$ Loch in U. Denn es ist $K \neq \emptyset$ nach Konstruktion; $U \cup K = U \cup \mathrm{Int}\,\Gamma$ ist offen; K ist wegen $K \subset \mathbb{C} \setminus \mathrm{Ext}\,\Gamma$ beschränkt; K ist abgeschlossen: Aus $K \ni z_n \to z_0$ folgt nämlich $z_0 \in \mathbb{C} \setminus U \subset \mathbb{C} \setminus \Gamma = \mathrm{Ext}\,\Gamma \cup \mathrm{Int}\,\Gamma$; mit $z_n \notin \mathrm{Ext}\,\Gamma$ ist aber $z_0 \notin \mathrm{Ext}\,\Gamma$, so dass $z_0 \in K$. $\qquad\square$

Alternativer Beweis des globalen Cauchy'schen Integralsatzes Alan F. Beardon hat 1979 bemerkt, dass aus dem *topologischen* Lemma von Saks-Zygmund ein weiterer besonders einfacher und durchsichtiger Beweis des fundamentalen Satzes 5.2.2 folgt (vgl. [6, § 9.6] und [2, S. 142ff]):

Beweis Wir zeigen hier die Implikationskette (i) ⇒ (ii) ⇒ (iii) ⇒ (ii) ⇒ (i).

Schritt 1: (iii) ⇒ (ii) ⇒ (i) haben wir bereits in Satz 5.2.2 kennengelernt.

Schritt 2: (ii) ⇒ (iii). Wie beim Beweis der lokalen Integralformel (2.5.1) betrachten wir für festes $z \in U \setminus \Gamma$ die Funktion

$$g(\zeta) = \begin{cases} \dfrac{f(\zeta) - f(z)}{\zeta - z}, & \zeta \in U \setminus \{z\}; \\ f'(\zeta), & \zeta = z. \end{cases}$$

Nach dem Hebbarkeitssatz 3.5.2 ist $g \in H(U)$, und wir erhalten $\int_\Gamma g(\zeta)\,d\zeta = 0$ nach Voraussetzung (ii) an den Zyklus Γ; ausgeschrieben ist das (iii):

$$0 = \frac{1}{2\pi i} \int_\Gamma \frac{f(\zeta) - f(z)}{\zeta - z}\,d\zeta = \frac{1}{2\pi i} \int_\Gamma \frac{f(\zeta)}{\zeta - z}\,d\zeta - f(z)\,\mathrm{ind}_\Gamma(z).$$

Schritt 3: (i) ⇒ (ii). Gegeben seien $f \in H(U)$ und ein nullhomologer Zyklus Γ in U; wir müssen $\int_\Gamma f(z)\,dz = 0$ zeigen. Nach dem Lemma 5.6.5 von Saks-Zygmund gibt es zum nichtleeren Kompaktum

$$K = \mathbb{C} \setminus \mathrm{Ext}\,\Gamma \subset\subset U$$

in $U \setminus K$ einen *einfachen* Zyklus Γ' mit $K \subset \mathrm{Int}\,\Gamma' \subset U$; tatsächlich lässt sich dieser nach (5.6.1) in der Form $\Gamma' = \sum_j \partial Q_j$ mit gewissen Quadraten $\overline{Q}_j \subset\subset U$ wählen. Da solche Quadrate in U eine sternförmige Umgebung besitzen, ist Satz 2.4.2 der lokalen Theorie anwendbar, und es gilt $\int_{\Gamma'} g(z)\,dz = 0$ für alle $g \in H(U)$; nach Schritt 2 ist daher insbesondere

$$f(z) = \int_{\Gamma'} \frac{f(\zeta)}{\zeta - z}\,d\zeta \qquad (z \in \mathrm{Int}\,\Gamma').$$

Da Γ in $K \subset \mathrm{Int}\,\Gamma'$ getragen wird, erhalten wir wie gewünscht (die Integrale vertauschen aus Kompaktheits- und Stetigkeitsgründen)

$$\int_\Gamma f(z)\,dz = \int_\Gamma \int_{\Gamma'} \frac{f(\zeta)}{\zeta - z}\,d\zeta\,dz = -\int_{\Gamma'} f(\zeta)\,\mathrm{ind}_\Gamma(\zeta)\,d\zeta = 0;$$

denn nach Konstruktion gilt $\mathrm{ind}_\Gamma(\zeta) = 0$ für $\zeta \in [\Gamma'] \subset \mathbb{C} \setminus K = \mathrm{Ext}\,\Gamma$. □

5.7   Aufgaben

1. Zeichne in $\mathbb{C}$: (a) einen Weg, der einen einfachen Zyklus Γ bildet und $[-1,1]$ in einer beschränkten Komponente von Ext Γ enthält; (b) einen Zyklus Γ mit Int $\Gamma = \emptyset$.

2. Zeige anhand eines Beispiels, dass i. Allg. weder Int Γ noch Ext Γ Gebiete sind.

3. Es sei $f \in H(U)$ und Γ ein einfacher Zyklus in U, der die paarweise verschiedenen Punkte $z_1, \ldots, z_n$ im Innern enthält; $\omega_n(z) = (z - z_1) \cdots (z - z_n)$. Zeige (wie Cauchy 1826):

$$p_n(z) = \frac{1}{2\pi i} \int_\Gamma \frac{\omega_n(\zeta) - \omega_n(z)}{\omega_n(\zeta)(\zeta - z)} f(\zeta)\, d\zeta \qquad (z \in \mathbb{C} \setminus \Gamma)$$

liefert das eindeutige Polynom vom Grad $\leq n-1$, das die Werte $p(z_k) = f(z_k)\ (k = 1, \ldots, n)$ interpoliert.

4. Zeige die Eindeutigkeit der Laurent*darstellung* $f = f^+ + f^-$ ohne Verwendung der Eindeutigkeit der Laurent*entwicklung*. *Hinweis:* Satz von Liouville.

5. Es sei f^- Hauptteil von $f \in H(U \setminus \{0\})$. Zeige: $f^-(1/z)$ ist eine ganze Funktion.

6. Entwickle die Funktion

$$\frac{1}{1 - z^2} + \frac{1}{3 - z}$$

in Laurentreihen der Form $\sum_{n=-\infty}^{\infty} a_n z^n$. Wie viele solcher Darstellungen gibt es und in welchem Gebiet sind sie jeweils gültig? Bestimme in jedem Fall die Koeffizienten.

7. Zeige, dass es ganze Funktionen $J_n(z)$ gibt, so dass

$$\exp(z(\zeta - \zeta^{-1})/2) = \sum_{n=-\infty}^{\infty} J_n(z)\zeta^n \qquad (z \in \mathbb{C}, \zeta \in \mathbb{C}^\times),$$

und leite daraus die Schläfli'sche Integraldarstellung her:

$$J_n(z) = \frac{1}{\pi} \int_0^\pi \cos(z \sin \theta - n\theta)\, d\theta \qquad (z \in \mathbb{C}, n \in \mathbb{Z}).$$

Die Koeffizientenfunktion J_n heißt *Besselfunktion erster Art der Ordnung n*.

8. Es konvergiere $f(z) = \sum_{n=-\infty}^{\infty} a_n(z - z_0)^n$ im Kreisring $r_- < |z - z_0| < r_+$. Zeige für $r_- < r < r_+$ die Gutzmer'sche Formel:

$$\sum_{n=-\infty}^{\infty} |a_n|^2 r^{2n} \leq \|f\|_{\partial B_r(z_0)}^2.$$

Hinweis: Betrachte die Fourierreihe $\sum_{n=-\infty}^{\infty} a_n r^n e^{in\phi}$.

9. Es besitze f in z_0 einen Pol höchstens m-ter Ordnung. Zeige:

$$\text{res}_{z_0} f = \frac{1}{(m-1)!} \left\{ \frac{d^{m-1}}{dz^{m-1}} (z - z_0)^m f(z) \right\}_{z=z_0}.$$

10. Es sei $f \in H(\mathbb{E})$ beschränkt. Zeige die *Bergmann'sche Integralformel*

$$f(\zeta) = \frac{1}{\pi} \int\limits_{\mathbb{E}} \frac{f(z)}{(1 - \bar{z} \cdot \zeta)^2} \, dx \, dy \qquad (\zeta \in \mathbb{E}).$$

Hinweis: Polarkoordinaten und Residuensatz.

11. Zeige folgende äquivalente Formen der Langrange-Bürmann'schen Formel (4.2.1):

$$g \circ f^{-1}(w) = g(0) + \sum_{n=1}^{\infty} \frac{1}{n} \left(\text{res}_{z=0} \frac{g'(z)}{f(z)^n} \right) w^n = \sum_{n=0}^{\infty} \left(\text{res}_{z=0} \frac{g(z) f'(z)}{f(z)^{n+1}} \right) w^n.$$

12. Bestimme für $z_1, \ldots, z_n$ verschieden die Koeffizienten der Partialbruchzerlegung

$$\frac{1}{(z - z_1) \cdots (z - z_n)} = \frac{a_1}{z - z_1} + \cdots + \frac{a_n}{z - z_n}.$$

13. Berechne die Residuen folgender Funktionen in all ihren Singularitäten:

(a) $\dfrac{\cos z}{(1 + z^2)^2}$;   (b) $\dfrac{1}{\sin \pi z}$;   (c) $\dfrac{1}{e^z - 1}$;   (d) $z \cdot e^{1/(1-z)}$;   (e) $\dfrac{1}{\tan z - z}$.

14. Berechne die folgenden Residuen:

(a) $\text{res}_{z=0} \dfrac{z - 1}{\text{Log}(z + 1)}$;   (b) $\text{res}_{z=0} \dfrac{\tan z - z}{(1 - \cos z)^2}$;   (c) $\text{res}_{z=0} \dfrac{z^{n-1}}{\sin^n z}$.

15. Berechne die folgenden Residuen:

(a) $\text{res}_{z=0} e^{1/z}/(1 + z^2)$;   (b) $\text{res}_{z=0} z e^{1/z}/(1 + z^2)$;   (c) $\text{res}_{z=0} z^2 e^{1/\sin z}$.

16. Berechne

(a) $\displaystyle\int\limits_{\gamma} \frac{e^z - 1}{z^2(z - 1)} \, dz$,   (b) $\displaystyle\int\limits_{\gamma} \cot \pi z \, dz$,   (c) $\displaystyle\int\limits_{\gamma} \frac{1}{z \sin \pi z} \, dz$,   (d) $\displaystyle\int\limits_{\gamma} \frac{e^{1/z}}{1 - z} \, dz$,

für folgenden geschlossenen Weg γ:

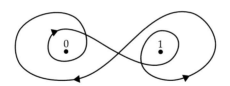

17. Es besitze f in z_0 eine wesentliche Singularität. Begründe, warum $\mathrm{res}_{z_0}\, f'/f$ i. Allg. nicht definiert ist. *Hinweis:* Betrachte $\sin(1/z)$.

18. Es sei g um w holomorph; $f \in H(U \setminus \{g(w)\})$. Zeige: Wenn $g'(w) \neq 0$, dann ist

$$\mathrm{res}_{z=g(w)}\, f(z) = \mathrm{res}_w (f \circ g) \cdot g'.$$

19. Wie viele *verschiedene* Lösungen besitzt $\sin z = z$ für $0 < |z| < 8$? *Hinweis:* Plot.

20. Zeige, dass $3 + az + 2z^4$ für $|a| > 5$ genau eine Nullstelle in $\mathbb{E}$ besitzt.

21. Wie viele *verschiedene* Lösungen besitzt $e^z = 3z^{100}$ in $\mathbb{E}$, wie viele $e^z = 4z + 1$?

22. Wie viele Nullstellen besitzen folgende Polynome im Kreisring $1 < |z| < 2$:

(a) $3z^9 + 8z^6 + z^5 + 2z^3 + 1$; (b) $z^5 + z^3 + 5z^2 + 2$; (c) $z^7 - 4z^3 - 11$.

Hinweis: „Scharfes Hinsehen" mit dem Satz von Rouché.

23. Zeige, dass $z^n(z - 2) - 1$ genau eine Nullstelle mit $|z| > 1$ besitzt; diese (eine sogenannte Pisot-Zahl) ist reell und erfüllt $2 < z < 2 + 2^{-n}$.

24. Zeige: Für $\lambda > 1$ hat $ze^{\lambda - z} = 1$ genau eine Lösung in $\mathbb{E}$; sie ist reell und positiv.

25. Zeige: Für $\lambda > 1$ hat $e^{-z} + z = \lambda$ genau eine Lösung in $\mathbb{T}$; sie ist reell.

26. Es sei f um $\overline{\mathbb{E}}$ holomorph mit $0 \notin f(\partial\mathbb{E})$, so dass $f(-z) \neq \lambda f(z)$ auf $\partial\mathbb{E}$ für alle $\lambda \geq 1$. Zeige: $N_f(0, \overline{\mathbb{E}})$ ist ungerade. *Hinweis:* Betrachte zunächst ungerades f.

27. Es sei p ein Polynom mit führendem Koeffizienten 1. Zeige $p(\partial\mathbb{E}) \not\subset \mathbb{E}$.

28. Es sei $K \subset\subset U$ einfach berandet, $f \in H(U)$ mit $f(\partial K) \subset \mathbb{R}$. Zeige: f ist konstant.

29. Zeige: Für hinreichend großes n besitzt $\sum_{k=0}^{n} z^k / k!$ keine Nullstellen mit $|z| < r$.

30. Beweise den *Satz von Hurwitz* für einfach berandete $K \subset\subset U$: Die Folge $f_n \in H(U)$ konvergiere lokal-gleichmäßig gegen ein $f \in H(U)$, welches auf ∂K keine Nullstellen besitze. Dann gibt es einen Index n_K mit

$$N_{f_n}(0, K) = N_f(0, K) \qquad (n \geq n_K).$$

31. Es sei $K \subset\subset U$ einfach berandet und $f \in M(U)$ habe keine Pole auf ∂K. Zeige: Aus $|w| > \|f\|_{\partial K}$ folgt $N_f(w, K) = N_f(\infty, K)$. *Hinweis:* Betrachte $tf(z)$ für $t \in [0, 1]$.

32. Benutze das Argumentprinzip über geeignet gewählten Quadraten, um zu zeigen: $\tan z = z$ besitzt nur reelle Lösungen (vgl. Aufgabe 1 in Kap. 1).

33. Es sei U ein einfach zusammenhängendes Gebiet, S diskret in U und $f \in H(U \setminus S)$. Zeige: f besitzt genau dann eine Stammfunktion in $U \setminus S$, wenn $\mathrm{res}_z\, f = 0$ auf S.

34. Zeige: Ein Gebiet U ist genau dann einfach zusammenhängend, wenn jedes nullstellenfreie $f \in H(U)$ eine Quadratwurzel $g = \sqrt{f} \in H(U)$ besitzt (d. h. $g^2 = f$).

35. Für $f, g \in H(\mathbb{C})$ gelte $f^2 + g^2 = 1$. Zeige: Es gibt ein $h \in H(\mathbb{C})$ mit

$$f = \cos \circ h, \qquad g = \sin \circ h.$$

   Hinweis: Betrachte $f + ig$.

36. Zeige: Die Funktion $\cos \sqrt{x}$, $x > 0$, lässt sich als ganze Funktion f auf $\mathbb{C}$ fortsetzen. Begründe, warum f nicht von der Form $\cos \circ \sqrt{\cdot}$ sein kann.

37. Es sei U jenes Gebiet, welches aus $\mathbb{C}$ durch unendlich viele Schnitte entsteht, die jeweils parallel zur imaginären Achse ausgehend von den Punkten $n\pi$, $n \in \mathbb{Z}$, als Halbachse in Richtung positiver Imaginärteile ausgeführt werden.
   (a) Zeige, dass die reelle Funktion $\log(\sin x)$, $0 < x < \pi$, eine holomorphe Fortsetzung $f = \log \sin \in H(U)$ besitzt, diese aber auf U nicht von der Form $\log \circ \sin$ sein kann.
   (b) Berechne den Wert von $f(z)$ für $z = (n + \frac{1}{2})\pi$, $n \in \mathbb{Z}$.

38. Es sei $\emptyset \neq K \subset\subset U$. Zeige: In $U \setminus K$ gibt es einen einfachen Zyklus Γ, so dass

$$f(z) = \frac{1}{2\pi i} \int_{\Gamma} \frac{f(\zeta)}{\zeta - z} \, d\zeta \qquad (z \in K, \ f \in H(U)).$$

39. Es sei K Loch in U. Zeige: Ist $K' \subset K$ mit $K' \neq K$ Loch in U, dann auch $K \setminus K'$.

40. Zeige: Ein beschränktes Gebiet $U \subset \mathbb{C}$ ist genau dann einfach zusammenhängend, wenn $\mathbb{C} \setminus U$ zusammenhängend ist. (Eine Menge in $\mathbb{C}$ heißt *zusammenhängend*, wenn sie keine disjunkte Vereinigung nichtleerer relativ abgeschlossener Teilmengen ist.)

Residuenkalkül in Aktion

6

Eine der Stärken des Residuensatzes liegt in der Auswertung bestimmter (oft uneigentlich konvergenter) Integrale. Das ist dann von besonderem Interesse, wenn der Integrand keine *elementare* Stammfunktion besitzt und damit der Weg über den Hauptsatz der Differential- und Integralrechnung versperrt ist. Hängt das Integral zudem von Parametern ab, so ist eine Auswertung als *Funktion* der Parameter einer numerischen Approximation für einzelne Parameterwerte häufig vorzuziehen.

Die Strategie zur Auswertung des Integrals I von g über dem reellen Intervall (α, β) (wobei $\alpha = -\infty$ und $\beta = \infty$ zulässig sind) lautet:

1. Identifiziere

$$I = \int_\alpha^\beta g(x)\,dx = \lim_{r\to\infty} \operatorname{Re} \int_{\Gamma_r'} f(z)\,dz$$

für eine *Kette* Γ_r' und eine um diese Kette holomorphe Funktion f. Statt des Realteils kann hier auch der Imaginärteil stehen oder gar nichts.

2. Schließe ggf. Γ_r' durch eine Kette Γ_r'' zu dem Randzyklus $\Gamma_r = \Gamma_r' + \Gamma_r''$ eines Kompaktums K_r; dabei sei f um K_r bis auf eine diskrete Menge S_r holomorph. Die Kunst besteht nun darin, dafür zu sorgen, dass

$$A = \lim_{r\to\infty} \int_{\Gamma_r''} f(z)\,dz, \qquad B = \lim_{r\to\infty} 2\pi i \sum_{z\in S_r \cap K_r} \operatorname{res}_z f$$

einfach zu berechnen sind; nach dem Residuensatz gilt $I = \operatorname{Re}(B - A)$.

© Springer International Publishing AG, CH 2016

F. Bornemann, *Funktionentheorie*, Mathematik Kompakt, DOI 10.1007/978-3-0348-0974-0_6

Analog lassen sich unendliche Reihen Σ berechnen: Hier konstruiert man den Randzyklus $\Gamma_r = \partial K_r$ so, dass für die disjunkte Zerlegung $S_r = S'_r \cup S''_r$

$$\Sigma = \lim_{r \to \infty} \sum_{S'_r \cap K_r} \operatorname{res}_z f, \quad A = \lim_{r \to \infty} \sum_{z \in S''_r \cap K_r} \operatorname{res}_z f, \quad B = \lim_{r \to \infty} \frac{1}{2\pi i} \int_{\Gamma_r} f(z)\, dz,$$

wobei A und B *einfach* zu berechnen sind; der Residuensatz liefert $\Sigma = B - A$.

6.1   Bestimmte Integrale

„Die Technik lässt sich an typischen Beispielen lernen, aber selbst vollständige Meisterschaft garantiert nicht den Erfolg." So schrieb es Lars Ahlfors in seinem grandiosen Standardlehrbuch zur Funktionentheorie [2, S. 155]. Auch wir diskutieren zur Übung einige solcher Beispiele; weitere finden sich in den Aufgaben.

Beispiel (Trigonometrische Integrale)
Wir betrachten

$$I(a) = \int_0^{2\pi} \frac{d\theta}{a + \cos\theta} \qquad (a > 1).$$

Es gibt zwar eine elementare Stammfunktion, aber wir wollen die neue, rechnerisch einfachere Idee vorführen. Mit $z = e^{i\theta}$ ist $I(a)$ rasch als Wegintegral

$$I(a) = \int_{|z|=1} \frac{1}{a + (z + z^{-1})/2} \frac{dz}{iz} = \frac{1}{i} \int_{\partial \mathbb{E}} f(z)\, dz, \quad f(z) = \frac{2}{z^2 + 2az + 1},$$

identifiziert. Die rationale Funktion f hat die beiden einfachen Pole

$$z_\pm = -a \pm \sqrt{a^2 - 1},$$

nur z_+ liegt in $\mathbb{E}$. Der Residuensatz 5.4.3 liefert für $f = 2/g$ gemäß (5.3.3)

$$I(a) = 2\pi \operatorname{res}_{z=z_+} f(z) = \frac{4\pi}{g'(z_+)} = \frac{2\pi}{z_+ + a} = \frac{2\pi}{\sqrt{a^2 - 1}}.$$

Ganz genauso gelangen wir zu folgendem allgemeinen Ergebnis:

Lemma 6.1.1 *Es sei $g(u, v)$ eine rationale Funktion. Die Polmenge P von*

$$f(z) = z^{-1} g\left(\frac{z + z^{-1}}{2}, \frac{z - z^{-1}}{2i}\right)$$

erfülle $P \cap \partial \mathbb{E} = \emptyset$. Dann gilt

$$\int_0^{2\pi} g(\cos\theta, \sin\theta)\, d\theta = 2\pi \sum_{z \in P \cap \mathbb{E}} \operatorname{res}_z f.$$

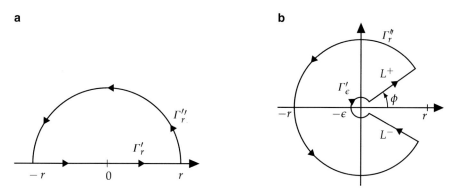

Abb. 6.1 Beispiele typischer Integrationswege: Halbkreis (**a**); „Schlüsselloch" (**b**)

Beispiel (Fouriertransformation rationaler Funktionen)
Der Integrand von

$$\int\limits_{-\infty}^{\infty} \frac{\sin x}{x}\, dx = \lim_{r \to \infty} \int\limits_{-r}^{r} \frac{\sin x}{x}\, dx$$

besitzt nach einem Satz von Liouville keine elementare Stammfunktion. Wir wählen $\Gamma_r' = [-r, r]$ und formen einen Zyklus $\Gamma_r = \Gamma_r' + \Gamma_r''$, indem wir entlang des Halbkreises Γ_r'' mit Mittelpunkt 0 in der oberen Halbebene zurücklaufen (siehe Abb. 6.1b). Die Wahl von f bereitet zunächst Probleme: Naheliegend wäre eigentlich $f(z) = \sin(z)/z$, aber das Integral über Γ_r'' ist nicht wirklich einfacher als das Ausgangsintegral über Γ_r'; mit $f(z) = e^{iz}/z$ gilt zwar $\sin(x)/x = \operatorname{Im} f(x)$ für $x \in \mathbb{R}$, jedoch kann dieses f wegen des Pols in $z = 0$ nicht entlang von Γ_r' integriert werden. Wir ziehen daher den Hauptteil des Pols ab und verwenden schließlich

$$\int\limits_{-r}^{r} \frac{\sin x}{x}\, dx = \operatorname{Im} \int\limits_{\Gamma_r'} f(z)\, dz, \qquad f(z) = \frac{e^{iz} - 1}{z}.$$

Wegen $f \in H(\mathbb{C})$ liefert der Cauchy'sche Integralsatz 5.2.2

$$\int\limits_{\Gamma_r'} f(z)\, dz = -\int\limits_{\Gamma_r''} f(z)\, dz = \int\limits_{\Gamma_r''} \frac{dz}{z} - \int\limits_{\Gamma_r''} \frac{e^{iz}}{z}\, dz = i\pi - \int\limits_{\Gamma_r''} \frac{e^{iz}}{z}\, dz.$$

Aus $1 \geq e^{-r \sin\theta} \to 0$ für $0 < \theta < \pi$ folgt mit dominierter Konvergenz

$$\left| \int\limits_{\Gamma_r''} \frac{e^{iz}}{z}\, dz \right| = \left| \int\limits_{0}^{\pi} e^{i r e^{i\theta}}\, d\theta \right| \leq \int\limits_{0}^{\pi} e^{-r \sin\theta}\, d\theta \to 0 \qquad (r \to \infty),$$

so dass insgesamt

$$\int\limits_{-\infty}^{\infty} \frac{e^{ix} - 1}{x}\, dx = i\pi \quad \text{und} \quad \int\limits_{-\infty}^{\infty} \frac{\sin x}{x}\, dx = \pi.$$

Ohne Pole auf der reellen Achse ist die Sache einfacher, und wir gelangen so mit genau dem gleichen Γ_r und dem Residuensatz 5.4.3 zu folgendem Ergebnis:

Lemma 6.1.2 *Es sei f rationale Funktion mit $f(z) = O(z^{-1})$ für $z \to \infty$; ihre Polmenge P erfülle $P \cap \mathbb{R} = \emptyset$. Dann ist die Fouriertransformation von f für $a > 0$ gegeben durch*

$$\int_{-\infty}^{\infty} f(x)e^{iax}\, dx = 2\pi i \sum_{z \in P \cap \mathbb{H}} \operatorname{res}_z f(z)e^{iaz};$$

für $a < 0$ muss $\mathbb{H}$ durch $-\mathbb{H}$ ersetzt werden.

Beispiel (Mellintransformation rationaler Funktionen)
Auch der Integrand von

$$I(a) = \int_0^{\infty} \frac{x^{a-1}}{1+x}\, dx \qquad (0 < a < 1)$$

besitzt keine elementare Stammfunktion. Für die Behandlung im Komplexen muss zunächst ein geeigneter Zweig der Potenzfunktion gewählt werden: Wir schneiden $\mathbb{C}$ entlang des Integrationspfades $[0, \infty)$ von $I(a)$ auf, d.h., wir verwenden für $-z \in \mathbb{C}^-$ den Hauptzweig

$$(-z)^{a-1} = \exp((a-1)\operatorname{Log}(-z)).$$

Dahinter steckt die Einsicht, dass der reelle Integrand $x^{a-1}/(1+x)$ bis auf einen Faktor der Höhe jenes Sprungs entspricht, welchen die komplexe Funktion $f(z) = (-z)^{a-1}/(1+z)$ quer zum Schnitt $[0, \infty)$ ausführt. Wir integrieren f deshalb entlang des in Abb. 6.1b gezeigten einfachen Zyklus

$$\Gamma = \Gamma'_\varepsilon + L^+ + \Gamma''_r + L^-.$$

Für $0 < \varepsilon < 1$ und $r > 1$ liegt der einzige Pol $z = -1$ von f im Innern des von Γ berandeten „Schlüssellochs", und es gilt nach dem Residuensatz 5.4.3

$$I'_\varepsilon + I^+ + I''_r + I^- = \int_\Gamma f(z)\, dz = 2\pi i \operatorname{res}_{z=-1} \frac{(-z)^{a-1}}{z+1} = 2\pi i; \qquad (6.1.1)$$

mit naheliegenden Bezeichnungen für die Integrale über die Teilwege. Die Standardabschätzung (2.1.4) liefert

$$|I'_\varepsilon| \le 2\pi\varepsilon \cdot \max_{|z|=\varepsilon} \frac{|z|^{a-1}}{|1+z|} \le \frac{2\pi\varepsilon^a}{1-\varepsilon}, \qquad |I''_r| \le 2\pi r \cdot \max_{|z|=r} \frac{|z|^{a-1}}{|1+z|} \le \frac{2\pi r^{a-1}}{1-r^{-1}};$$

beide Integrale streben also – gleichmäßig in den jeweils nicht beteiligten Parametern r, ε oder ϕ – für $\varepsilon \to 0$ bzw. $r \to \infty$ gegen Null. Die verbleibenden Integrale lauten

$$I^+ = \int_\varepsilon^r \frac{(e^{i(\phi-\pi)}t)^{a-1}}{1+e^{i\phi}t}e^{i\phi}\, dt, \qquad I^- = -\int_\varepsilon^r \frac{(e^{i(\pi-\phi)}t)^{a-1}}{1+e^{-i\phi}t}e^{-i\phi}\, dt,$$

so dass für $\phi \to 0$

$$I^+ \to -e^{-i\pi a} \int_\varepsilon^r \frac{t^{a-1}}{1+t}\,dt, \qquad I^- \to e^{i\pi a} \int_\varepsilon^r \frac{t^{a-1}}{1+t}\,dt.$$

Bilden wir in (6.1.1) schließlich zuerst den Grenzwert $\phi \to 0$ und dann die Grenzwerte $\varepsilon \to 0$ und $r \to \infty$, so erhalten wir

$$(e^{i\pi a} - e^{-i\pi a})I(a) = 2\pi i \quad \text{bzw.} \quad \int_0^\infty \frac{x^{a-1}}{1+x}\,dx = \frac{\pi}{\sin \pi a}. \tag{6.1.2}$$

Ganz genauso gelangen wir zu folgendem allgemeinen Ergebnis:

Lemma 6.1.3 *Es sei f rational mit $f(z) = O(z^{-m})$ für $z \to \infty$ und $f(z) = O(z^{-n})$ für $z \to 0$; dabei gelte $n < m$. Die Polmenge P von f enthalte keine positive reelle Zahl. Dann ist die Mellintransformation von f für $n < a < m$ gegeben durch*

$$\int_0^\infty f(x)x^{a-1}\,dx = \frac{\pi}{\sin \pi a} \sum_{z \in P \setminus \{0\}} \operatorname{res}_z f(z)(-z)^{a-1} \qquad (a \notin \mathbb{Z});$$

im Fall $a \in \mathbb{Z}$ ergibt sich der Wert durch stetige Fortsetzung.

6.2 Anwendung: Gammafunktion

Definition 6.2.1

Die vermutlich wichtigste nichtelementare spezielle Funktion ist die *Gammafunktion*. Im Reellen wird sie durch das Euler'sche Integral[1]

$$\Gamma(x) = \int_0^\infty e^{-t} t^{x-1}\,dt \qquad (x > 0)$$

definiert. Partielle Integration liefert unmittelbar die Funktionalgleichung

$$\Gamma(x+1) = x\Gamma(x) \qquad (x > 0). \tag{6.2.1}$$

Wegen $\Gamma(1) = 1$ *interpoliert* sie daher die ganzzahlige Fakultätsfunktion:

$$\Gamma(n+1) = n! \qquad (n \in \mathbb{N}_0). \tag{6.2.2}$$

---

[1] $\Gamma(x)$ ist demnach die Mellintransformation von e^{-t}.

Wir wollen die Gammafunktion holomorph in die komplexe Ebene fortsetzen. Dazu zerlegen wir $\Gamma(x) = \Gamma_0(x) + \Gamma_1(x)$ mit

$$\Gamma_0(z) = \int_0^1 e^{-t} t^{z-1}\, dt, \qquad \Gamma_1(z) = \int_1^\infty e^{-t} t^{z-1}\, dt$$

und setzen beide Summanden getrennt fort. Wegen $|t^{z-1}| = t^{\operatorname{Re} z - 1}$ konvergiert $\Gamma_1(z)$ lokal-gleichmäßig für alle $z \in \mathbb{C}$ und ist daher nach dem Weierstraß'schen Konvergenzsatz eine ganze Funktion. Für $\operatorname{Re} z > 0$ gilt (wiederum wegen lokal-gleichmäßiger Konvergenz)

$$\Gamma_0(z) = \int_0^1 \sum_{n=0}^\infty \frac{(-1)^n t^{z+n-1}}{n!}\, dt = \sum_{n=0}^\infty \frac{(-1)^n}{n!} \int_0^1 t^{z+n-1}\, dt = \sum_{n=0}^\infty \frac{(-1)^n}{n!(z+n)};$$

die letzte Reihe konvergiert aber für alle $z \in \mathbb{C} \setminus \{0, -1, -2, \ldots\}$ und ist dort nach dem Weierstraß'schen Konvergenzsatz holomorph; die isolierten Singularitäten sind einfache Pole. Insgesamt sehen wir: Bis auf einfache Pole in $0, -1, -2, \ldots$ mit dem Residuuum

$$\operatorname{res}_{z=-n} \Gamma(z) = \operatorname{res}_{z=-n} \Gamma_0(z) = (-1)^n/n! \qquad (n \in \mathbb{N}_0) \qquad (6.2.3)$$

lässt sich Γ holomorph in ganz $\mathbb{C}$ fortsetzen (siehe Abb. 1.2). Nach dem Permanenzprinzip gilt die Funktionalgleichung (6.2.1) überall:

$$\Gamma(z+1) = z\Gamma(z) \qquad (z \in \mathbb{C} \setminus \{0, -1, -2, \ldots\}). \qquad (6.2.4)$$

Euler'scher Ergänzungssatz Für $0 < x < 1$ rechnen wir mit elementarer reeller Analysis:

$$\Gamma(x)\Gamma(1-x) = \int_0^\infty e^{-u} u^{x-1}\, du \cdot \int_0^\infty e^{-v} v^{-x}\, dv$$

$$= 4 \int_0^\infty e^{-\xi^2} \xi^{2x-1}\, d\xi \int_0^\infty e^{-\eta^2} \eta^{1-2x}\, d\eta = 4 \int_0^\infty \int_0^\infty e^{-\xi^2 - \eta^2} (\xi/\eta)^{2x-1}\, d\xi\, d\eta$$

$$= \underbrace{2 \int_0^\infty r e^{-r^2}\, dr}_{=1} \cdot 2 \int_0^{\pi/2} \cot^{2x-1} \theta\, d\theta = \int_0^\infty \frac{t^{x-1}}{1+t}\, dt;$$

dabei haben wir die Substitutionen $u = \xi^2$, $v = \eta^2$, $t = \cot^2 \theta$ verwendet und das Doppelintegral in Polarkoordinaten transformiert. Das letzte, elementar nicht auswertbare

Integral besitzt nach (6.1.2) den mit Residuenkalkül berechneten Wert $\pi/\sin(\pi x)$. Nach dem Permanenzprinzip gilt daher

$$\Gamma(z)\Gamma(1-z) = \frac{\pi}{\sin \pi z} \qquad (z \in \mathbb{C} \setminus \mathbb{Z}). \qquad (6.2.5)$$

Insbesondere folgt aus diesem *Euler'schen Ergänzungssatz*, dass Γ nullstellenfrei ist und somit $1/\Gamma \in H(\mathbb{C})$ gilt (die Polstellen von Γ werden nach dem Riemann'schen Hebbarkeitssatz 3.5.2 zu Nullstellen von $1/\Gamma$).

Digammafunktion Die logarithmische Ableitung $\psi = \Gamma'/\Gamma$ heißt *Digammafunktion*. Da Γ nullstellenfrei ist, ist ψ bis auf einfache Pole in $0, -1, -2, \ldots$ in ganz $\mathbb{C}$ holomorph; die Residuen der Pole ergeben sich gemäß (5.5.1) als

$$\operatorname{res}_{z=-n} \psi(z) = -1 \qquad (n \in \mathbb{N}_0). \qquad (6.2.6)$$

6.3 Unendliche Reihen

Reihen mit Binomialkoeffizienten Der Residuensatz liefert eine Verbindung von Binomialkoeffizienten zu Wegintegralen aus der Beobachtung

$$\binom{n}{k} = [z^k](1+z)^n = \frac{1}{2\pi i} \int_\Gamma \frac{(1+z)^n}{z^{k+1}}\, dz; \qquad (6.3.1)$$

dabei ist Γ ein einfacher Zyklus mit $0 \in \operatorname{Int}\Gamma$. Wählen wir etwa $\Gamma = \partial\mathbb{E}$, so folgt mit der Standardabschätzung (2.1.4) ohne jeden Rechenaufwand

$$\binom{n}{k} \leq \max_{|z|=1} |1+z|^n = 2^n.$$

Wir wollen mit (6.3.1) exemplarisch eine Reihe auswerten: Es gilt nämlich

$$\sum_{n=0}^\infty \binom{2n}{n} 5^{-n} = \frac{1}{2\pi i} \sum_{n=0}^\infty \int_\Gamma \frac{(1+z)^{2n}}{(5z)^n} \frac{dz}{z} = \frac{1}{2\pi i} \int_\Gamma \frac{5}{3z - 1 - z^2}\, dz,$$

sofern wir Summe und Integral vertauschen dürfen, d.h., wenn

$$|(1+z)^2/(5z)| \leq r < 1 \qquad (z \in [\Gamma]);$$

tatsächlich gilt dies für $\Gamma = \partial\mathbb{E}$ mit $r = 4/5$. Der einzige Pol des Integranden in $\mathbb{E}$ ist $z_* = (3 - \sqrt{5})/2$, so dass schließlich gemäß (5.3.3)

$$\sum_{n=0}^\infty \binom{2n}{n} 5^{-n} = \operatorname{res}_{z=z_*} \frac{5}{3z - 1 - z^2} = \frac{5}{3 - 2z_*} = \sqrt{5}.$$

Reihen rationaler Terme Wir wollen für eine rationale Funktion f mit Polmenge P die Reihe

$$\sum_{n \in \mathbb{Z} \setminus P} f(n)$$

auswerten. Um den Residuensatz anwenden zu können, benötigen wir ein $g \in H(\mathbb{C} \setminus \mathbb{Z})$, das in jedem $n \in \mathbb{Z}$ einen *einfachen* Pol mit $\mathrm{res}_{z=n}\, g(z) = 1$ besitzt; denn dann gilt gemäß (5.3.3)

$$f(n) = \mathrm{res}_{z=n}\, f(z) \cdot g(z) \qquad (n \in \mathbb{Z} \setminus P).$$

Ein solches g ist schnell gefunden: Die ganze Funktion $h(z) = \sin \pi z$ besitzt Nullstellen genau in $\mathbb{Z}$, diese sind einfach (vgl. Aufgabe 18 in Kap. 2). Nach (5.5.1) leistet daher die logarithmische Ableitung $g(z) = h'(z)/h(z) = \pi \cot \pi z$ das Gewünschte. Ist nun Γ ein einfacher Zyklus, der weder $\mathbb{Z}$ noch P schneidet, so gilt

$$\frac{1}{2\pi i} \int_{\Gamma} f(z)g(z)\, dz = \sum_{n \in \mathbb{Z} \cap \mathrm{Int}\, \Gamma \setminus P} f(n) + \sum_{z \in P \cap \mathrm{Int}\, \Gamma} \mathrm{res}_z\, f \cdot g.$$

Wenn wir nun eine Folge $\{\Gamma_m\}_{m \in \mathbb{N}}$ einfacher Zyklen konstruieren, für die das Integral gegen Null und die erste Summe gegen die Reihe strebt und für die irgendwann $P \subset \mathrm{Int}\, \Gamma_m$ gilt, so erhalten wir im Limes

$$\sum_{n \in \mathbb{Z} \setminus P} f(n) = -\sum_{z \in P} \mathrm{res}_z\, f \cdot g. \qquad (6.3.2)$$

Der Beweis des folgenden Satzes wird zeigen, dass diese Strategie für den positiv durchlaufenen Rand $\Gamma_m = \partial Q_m$ des Quadrats

$$Q_m = \{z : \max(|\,\mathrm{Re}\, z\,|, |\,\mathrm{Im}\, z\,|) \leq (2m + 1)/2\} \qquad (m \in \mathbb{N})$$

zum Erfolg führt; Γ_m schneidet $\mathbb{R}$ mittig zwischen zwei Elementen aus $\mathbb{Z}$.

Satz 6.3.1 *Es sei f rational mit $f(z) = O(z^{-2})$ für $z \to \infty$; Polmenge sei P. Dann ist*

$$\sum_{n \in \mathbb{Z} \setminus P} f(n) = -\sum_{z \in P} \mathrm{res}_z\, f(z) \pi \cot \pi z, \qquad (6.3.3\mathrm{a})$$

$$\sum_{n \in \mathbb{Z} \setminus P} (-1)^n f(n) = -\sum_{z \in P} \mathrm{res}_z\, f(z) \pi \csc \pi z; \qquad (6.3.3\mathrm{b})$$

beide Reihen konvergieren absolut.

Beweis Schritt 1. Die absolute Konvergenz folgt aus $f(n) = O(n^{-2})$. Mit den Werten $\text{res}_{z=0}\, \pi \csc \pi z = 1$, $\text{res}_{z=1}\, \pi \csc \pi z = -1$ sowie der 2π-Perodizität des Kosekans erhalten wir die Residuen $\text{res}_{z=n}\, \pi \csc \pi z = (-1)^n$ in den (einfachen) Polen $n \in \mathbb{Z}$.[2]

Schritt 2. Für $z = x + iy$ gilt

$$\left| \cot^2(\pi z) + 1 \right| = \left| \csc^2(\pi z) \right| = \frac{2}{\cosh(2\pi y) - \cos(2\pi x)},$$

dieser Ausdruck ist ≤ 1, sofern $x \in \mathbb{Z} + 1/2$ oder $|y| \geq 1/2$. Die Standardabschätzung (2.1.4) liefert daher für $m \to \infty$

$$\left| \int_{\Gamma_m} f(z) \begin{Bmatrix} \cot(\pi z) \\ \csc(\pi z) \end{Bmatrix} dz \right| \leq 4(2m + 1) \begin{Bmatrix} \sqrt{2} \\ 1 \end{Bmatrix} \|f\|_{\Gamma_m} = O(m^{-1}) \to 0.$$

Nach den (6.3.2) vorangehenden Überlegungen ist damit alles gezeigt.   □

Beispiel
Für $f(z) = z^{-2}$ erhalten wir

$$\sum_{n=1}^{\infty} n^{-2} = \frac{1}{2} \sum_{n \in \mathbb{Z} \setminus \{0\}} n^{-2} = -\text{res}_{z=0} \frac{\pi \cot \pi z}{2z^2} = \frac{\pi^2}{6}$$

und

$$\sum_{n=1}^{\infty} (-1)^{n-1} n^{-2} = \frac{1}{2} \sum_{n \in \mathbb{Z} \setminus \{0\}} (-1)^{n-1} n^{-2} = \text{res}_{z=0} \frac{\pi \csc \pi z}{2z^2} = \frac{\pi^2}{12}.$$

Dabei haben wir die Symmetrie von $f(z)$ genutzt, um die Reihe über $\mathbb{N}$ auf eine solche über $\mathbb{Z}$ zurückzuspielen. Reihen wie $\sum_{n=1}^{\infty} n^{-3}$ lassen sich auf diese Weise jedoch nicht auswerten.

▶ **Bemerkung 6.3.2** Die Residuen (6.2.6) der Digammafunktion ψ legen nahe, dass für rationales f mit $f(z) = O(z^{-2})$ für $z \to \infty$ und mit der Polmenge P gilt:

$$\sum_{n \in \mathbb{N}_0 \setminus P} f(n) = - \sum_{z \in P} \text{res}_z\, f(z)\psi(-z); \tag{6.3.4}$$

tatsächlich lässt sich diese *Appell'sche Formel* wie der Satz beweisen, indem man die aufwändigere Abschätzung $\psi(z) = O(\log m)$ für $z \in [\Gamma_m]$ herleitet.

Beispiel
Für $z \in \mathbb{C} \setminus \mathbb{Z}$, $f_z(w) = z/(z^2 - w^2)$ liefert der Satz gemäß (5.3.3)

$$\frac{1}{z} + 2 \sum_{n=1}^{\infty} \frac{z}{z^2 - n^2} = \sum_{n \in \mathbb{Z}} f_z(n) = - \sum_{w = \pm z} \text{res}_w\, f_z(w) \pi \cot \pi w$$

$$= - \sum_{w = \pm z} \frac{z \pi \cot \pi w}{-2w} = \pi \cot \pi z$$

---

[2] „Mit Kanonen auf Spatzen" folgt das alternativ auch aus (6.2.5), (6.2.3) und (6.2.2).

und damit die *Partialbruchzerlegung* des Kotangens:

$$\pi \cot \pi z = \frac{1}{z} + 2 \sum_{n=1}^{\infty} \frac{z}{z^2 - n^2} = \frac{1}{z} + \sum_{n=1}^{\infty} \left(\frac{1}{z-n} + \frac{1}{z+n} \right); \qquad (6.3.5)$$

in einem ganz unmittelbarem Sinn ist also $g(z) = \pi \cot \pi z$ die einfachste Funktion mit $\mathrm{res}_{z=n}\, g(z) = 1$ für $n \in \mathbb{Z}$. Völlig analog erhalten wir die Partialbruchzerlegung des Kosekans:

$$\pi \csc \pi z = \frac{1}{z} + 2 \sum_{n=1}^{\infty} (-1)^n \frac{z}{z^2 - n^2} = \frac{1}{z} + \sum_{n=1}^{\infty} (-1)^n \left(\frac{1}{z-n} + \frac{1}{z+n} \right).$$

Reihen implizit gegebener Terme   Der Residuensatz gestattet auch die Auswertung von Reihen, deren Terme nur implizit gegeben sind, etwa

$$\sum_{z:\, e^z = z} z^{-2} = \lim_{n \to \infty} \sum_{|z| < n:\, e^z = z} z^{-2};$$

der Identitätssatz zeigt, dass die Lösungen von $e^z = z$ diskret in $\mathbb{C}$ sind und die letzte Summe daher nur endlich viele Terme enthält. Wir gehen jetzt analog zur Herleitung von (6.3.3a) vor: Um den Residuensatz anwenden zu können, suchen wir eine in $\mathbb{C}$ meromorphe Funktion g, die in den Lösungspunkten von $e^z = z$ einen einfachen Pol mit Residuum 1 besitzt. Nach (5.5.1) leistet das die logarithmische Ableitung von $e^z - z$, also $g(z) = (e^z - 1)/(e^z - z)$. Tatsächlich ist es aber einfacher, stattdessen mit der residuengleichen Funktion $h(z) = g(z) - 1 = (z-1)/(e^z - z)$ zu arbeiten. Denn nehmen wir den positiv durchlaufenen Rand $\Gamma_m = \partial Q_m$ des Quadrats

$$Q_m = \{ z : \max(|\mathrm{Re}\, z|, |\mathrm{Im}\, z|) \le 2m\pi \} \qquad (m \in \mathbb{N}),$$

so können wir für hinreichend großes $m \in \mathbb{N}$ zeigen,[3] dass

$$|e^z - z| \ge 2\pi m \qquad (z \in [\Gamma_m]);$$

Residuensatz 5.4.3 und Standardabschätzung (2.1.4) liefern daher für $m \to \infty$:

$$\sum_{z \in Q_m:\, e^z = z} z^{-2} + \mathrm{res}_{z=0} \frac{z-1}{z^2(e^z - z)} = \frac{1}{2\pi i} \int_{\Gamma_m} \frac{z-1}{z^2(e^z - z)}\, dz = O(m^{-1}).$$

Wir erhalten also ohne jede konkrete Kenntnis der einzelnen Terme, dass

$$\sum_{z:\, e^z = z} z^{-2} = \mathrm{res}_{z=0} \frac{1-z}{z^2(e^z - z)} = -1. \qquad (6.3.6)$$

---

[3] Das folgt sofort aus folgender Identität für $z = x + iy$:

$$|e^z - z|^2 = (e^x \cos y - x)^2 + (e^x \sin y - y)^2.$$

▶ **Bemerkung 6.3.3** Mit dem Argumentprinzip lässt sich zeigen, dass tatsächlich genau $2m$ Lösungen von $e^z - z$ im Innern von Q_m liegen. Es handelt sich in (6.3.6) also um eine unendliche Reihe (siehe auch das Beispiel in Abschn. 7.3); sie konvergiert absolut.

6.4 Aufgaben

1. Berechne für $a > b > 0$:

   (a) $\displaystyle\int_0^{\pi} \frac{a}{a^2 + \sin^2 \theta}\, d\theta$; (b) $\displaystyle\int_0^{2\pi} \frac{d\theta}{1 + a^2 - 2a\cos\theta}$; (c) $\displaystyle\int_0^{2\pi} \frac{d\theta}{(a + b\cos\theta)^2}$.

2. Berechne für $a > 0$ und $b > 0$:

   (a) $\displaystyle\int_{-\infty}^{\infty} \frac{\cos x}{x^2 + a^2}\, dx$; (b) $\displaystyle\int_{-\infty}^{\infty} \frac{\cos x}{(x^2 + a^2)(x^2 + b^2)}\, dx$; (c) $\displaystyle\fint_{-\infty}^{\infty} \frac{\cos x}{a^2 - x^2}\, dx$.

   Hinweis: In (c) ist $\fint_{-\infty}^{\infty}$ der Cauchy'sche Hauptwert $\lim_{\delta \to 0} \int_{-\infty}^{-a-\delta} + \int_{-a+\delta}^{a-\delta} + \int_{a+\delta}^{\infty}$.

3. Berechne

$$\int_{-\infty}^{\infty} \frac{\sin^2 x}{x^2}\, dx.$$

   Hinweis: Integriere $iz^{-1} + z^{-2}(1 - e^{2iz})/2$ über einen Viertelkreis.

4. Berechne (a) das Gauß'sche Fehlerintegral und (b) die Fresnel'schen Integrale:

   (a) $\displaystyle\int_{-\infty}^{\infty} e^{-\pi x^2}\, dx$; (b) $\displaystyle\int_0^{\infty} \cos(x^2)\, dx$ und $\displaystyle\int_0^{\infty} \sin(x^2)\, dx$.

   Hinweis: (a) Integriere $e^{i\pi z^2}/\sin(\pi z)$ über das aus $\pm\frac{1}{2} \pm (1 + i)R$ gebildete Parallelogramm (Leon Mirsky 1947); (b) integriere e^{iz^2} über einen Achtelkreis und nutze (a).

5. Berechne für geeignete $a, b \in \mathbb{R}$:

   (a) $\displaystyle\int_0^{\infty} \frac{x^{a-1}}{(x + 1)(x + 2)(x + 3)}\, dx$; (b) $\displaystyle\int_0^{\infty} \frac{x^{a-1}}{x^2(1 + x^2)}\, dx$; (c) $\displaystyle\int_0^{\infty} \frac{x^{a-1}}{1 + x^b}\, dx$.

6. Es sei f holomorph um $\overline{\mathbb{E}}$. Zeige:

$$\frac{1}{2\pi i} \int_{\partial \mathbb{E}} f(z)\operatorname{Log}(-z)\, dz = \int_0^1 f(x)\, dx.$$

   Was verändert sich, wenn $\operatorname{Log}(z)$ statt $\operatorname{Log}(-z)$ verwendet wird?
   Hinweis: Integriere $f(z)\operatorname{Log}(-z)$ über den Rand des „Schlüssellochs" in Abb. 6.1b.

7. Berechne

$$\int_{-\infty}^{\infty} \frac{\cos x}{e^x + e^{-x}}\, dx.$$

Hinweis: Verwende folgenden Weg:

8. Berechne

(a) $\displaystyle\int_{0}^{\infty} \frac{\log x}{(1 + x^2)^2}\, dx$; (b) $\displaystyle\int_{0}^{\infty} \frac{\log^2 x}{1 + x^2}\, dx$.

Hinweis: Verwende folgenden Weg:

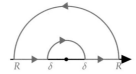

9. Berechne $\int_{0}^{\pi} \log \sin \theta\, d\theta$. *Hinweis:* Verwende ein (geeignet modifiziertes) Rechteck.

10. Es sei f rational mit $f(z) = O(z^{-2})$ für $z \to \infty$ und Polmenge P. Zeige:

$$\sum_{z \in P} \operatorname{res}_z f = 0.$$

11. Berechne

$$\sum_{n=0}^{\infty} \binom{3n}{n} 8^{-n}.$$

12. Schreibe A_n als Wegintegral und leite daraus die Abschätzung $|A_n| \le 4^n$ her:

$$A_n = \sum_{k=0}^{n} (-1)^k \binom{3n}{k}\binom{n}{k}.$$

13. Berechne:

(a) $\displaystyle\sum_{n=1}^{\infty} \frac{1}{n^4}$; (b) $\displaystyle\sum_{n=1}^{\infty} \frac{(-1)^n}{n^4}$; (c) $\displaystyle\sum_{n=1}^{\infty} \frac{(-1)^n}{(2n+1)^3}$; (d) $\displaystyle\sum_{n=1}^{\infty} \frac{1}{n^2+1}$; (e) $\displaystyle\sum_{n=1}^{\infty} \frac{(-1)^n}{n^2+1}$.

14. Zeige:

$$\sum_{n=1}^{\infty} \frac{1}{n^{2k}} = -\frac{1}{2}[z^{2k-1}]\pi \cot \pi z = \frac{(-1)^{k-1}(2\pi)^{2k} B_{2k}}{2(2k)!} \qquad (k \in \mathbb{N}).$$

Hinweis: Nutze $z \coth z = z + 2z/(e^{2z} - 1)$.

15. Berechne die Werte folgender Reihen und gebe ihre Definitionsbereiche an:

$$\text{(a)} \quad \sum_{n=-\infty}^{\infty} \frac{1}{(z-n)^2}; \qquad \text{(b)} \quad \sum_{n=-\infty}^{\infty} \left(\frac{1}{n+\frac{1}{2}-z} - \frac{1}{n+\frac{1}{2}} \right)$$

16. Leite aus (6.3.5) die Produktdarstellung des Sinus her:

$$\sin \pi z = \pi z \prod_{n=1}^{\infty} \left(1 - \frac{z^2}{n^2} \right) \qquad (z \in \mathbb{C}).$$

17. Zeige, dass (6.3.3b) für rationales f mit $f(z) = O(z^{-1})$ ($z \to \infty$) richtig bleibt, sofern wir die i.Allg. nicht absolut konvergente Reihe als folgenden Grenzwert auffassen:

$$\lim_{m \to \infty} \sum_{n=-m, n \notin P}^{m} (-1)^n f(n).$$

18. Zeige wie Cauchy 1827 (als er begeistert begann, über Kreise zu integrieren):

$$\sum_{n=1}^{\infty} \frac{(-1)^{n-1}}{n} \left(\csc(n\pi z) + \csc(n\pi/z) \right) = \frac{\pi}{12}(z + z^{-1}) \qquad (z \in \mathbb{H}).$$

Hinweis: Integriere $f(w) = \pi \csc(\pi w) \csc(\pi z w)/w$ über $|w| = m + 1/2$ mit $m \in \mathbb{N}$.

19. Verallgemeinere (unter den gleichen Voraussetzungen) die Formeln (6.3.3a) und (6.3.3b):

$$\sum_{n \in \mathbb{Z} \setminus P} f(n) e^{in\xi} = -\sum_{z \in P} \mathrm{res}_z \, f(z) \frac{2\pi i \, e^{iz\xi}}{e^{2\pi iz} - 1} \qquad (\xi \in \mathbb{R}).$$

Inwiefern lassen sich die Summenformeln (6.3.3a) und (6.3.3b) als Spezialfällen ansehen? *Hinweis:* Nutze das Resultat aus Aufgabe 10.

20. Berechne für $\xi, \omega \in \mathbb{R}$ und $k \in \mathbb{N}$ die Werte folgender Reihen:

$$\text{(a)} \quad \sum_{n=1}^{\infty} \frac{\cos n\xi}{n^2 + \omega^2}; \qquad \text{(b)} \quad \sum_{n=2}^{\infty} \frac{(-1)^n \sin(n-\frac{1}{2})\xi}{n(n-1)}; \qquad \text{(c)} \quad \sum_{n=-\infty}^{\infty} \frac{e^{in\xi}}{1 + n + n^2 + \cdots + n^{2k}}.$$

21. Zwischen $g(z) = \pi \cot \pi z$ gilt $h(z) = \pi \csc \pi z$ besteht die funktionale Beziehung

$$h(z) = \frac{1}{2} \left(g\left(\frac{z}{2}\right) - g\left(\frac{z-1}{2}\right) \right).$$

Zeige so, dass (6.3.3b) eine unmittelbare Folge von (6.3.3a) ist. Konstruiere analog eine Funktion $\phi(z)$, so dass unter den Voraussetzungen der Appell'schen Formel (6.3.4) gilt:

$$\sum_{n \in \mathbb{N}_0 \setminus P} (-1)^n f(n) = -\sum_{z \in P} \mathrm{res}_z \, f(z) \phi(z).$$

Wie sieht die Partialbruchentwicklung von $\phi(z)$ aus, wenn man weiß, dass diese Formel auch für rationales f mit $f(z) = O(z^{-1})$ für $z \to \infty$ gültig ist?

22. Es sei f rational mit $f(z) = O(z^{-2})$ für $z \to \infty$ und Polmenge P. Zeige:

$$\sum_{z:\,e^z=z,\,z\notin P} f(z) = -\sum_{z\in P} \operatorname{res}_z f(z)(z-1)/(e^z - z).$$

23. Berechne die Totalvariation von $f(x) = \sin^2 x / x^2$ auf $\mathbb{R}$, d.h. den Wert

$$\mathrm{TV} = \int\limits_{-\infty}^{\infty} |f'(x)|\, dx.$$

Hinweis: $\mathrm{TV} = 2\sum_{n=-\infty}^{\infty} f(x_n)$, wobei f in den x_n seine relativen Maxima annimmt.

24. *Herausforderung*: Bestimme mit dem Residuenkalkül den Grenzwert

$$\lim_{n\to\infty} \sum_{k=0}^{n} (-1)^k \sqrt{\binom{n}{k}}.$$

Hinweis: [5, S. 163f].

Biholomorphe Abbildungen 7

7.1 Möbiustransformationen

Definition 7.1.1

Rationale Funktionen der Form

$$T(z) = \frac{az + b}{cz + d} \qquad (ad - bc \neq 0;\ a, b, c, d \in \mathbb{C}) \tag{7.1.1}$$

heißen *gebrochen lineare Transformationen* oder *Möbiustransformationen*. Ihre Bedeutung liegt darin, dass sie biholomorphe Äquivalenzen zwischen „Standardgebieten" wie Halbebenen und Kreisscheiben vermitteln.

Darstellung als Matrixgruppe Wir ordnen jeder Matrix aus der *allgemeinen linearen Gruppe*

$$\mathrm{GL}_2(\mathbb{C}) = \{M \in \mathbb{C}^{2 \times 2} : \det M \neq 0\}$$

gemäß

$$M = \begin{pmatrix} a & b \\ c & d \end{pmatrix} \in \mathrm{GL}_2(\mathbb{C}) \mapsto T_M(z) = \frac{az + b}{cz + d} \tag{7.1.2}$$

eine Möbiustransformation zu. Aus der Beobachtung

$$T_M\left(\frac{u}{v}\right) = \frac{au + bv}{cu + dv} = \frac{u'}{v'} \quad \text{mit} \quad \begin{pmatrix} u' \\ v' \end{pmatrix} = M \begin{pmatrix} u \\ v \end{pmatrix}$$

folgt, dass die Möbiustransformationen bez. Komposition eine *Gruppe* bilden und $M \in \mathrm{GL}_2(\mathbb{C}) \mapsto T_M$ ein *Gruppenhomomorphismus* ist:

$$T_{M_1 \cdot M_2} = T_{M_1} \circ T_{M_2}.$$

© Springer International Publishing AG, CH 2016
F. Bornemann, *Funktionentheorie*, Mathematik Kompakt, DOI 10.1007/978-3-0348-0974-0_7

Insbesondere besitzt also jede Möbiustransformation (7.1.1) eine *inverse* Möbiustransformation: Mit

$$M^{-1} = \frac{1}{\det M} \begin{pmatrix} d & -b \\ -c & a \end{pmatrix} \quad \text{ist} \quad T^{-1}(z) = \frac{dz - b}{-cz + a}, \qquad (7.1.3)$$

da sich der Vorfaktor $1/\det M$ herauskürzt. Für $c \neq 0$ ist daher

$$T : \mathbb{C} \setminus \{z_*\} \xrightarrow{\sim} \mathbb{C} \setminus \{z'_*\} \qquad (z_* = -d/c,\ z'_* = a/c)$$

biholomorph;[1] für $c = 0$ ist $T : \mathbb{C} \xrightarrow{\sim} \mathbb{C}$ biholomorph.

▶ **Bemerkung 7.1.2** Der Kern des Homomorphismus (7.1.2) besteht aus den Matrizen der Form $a I$ mit $a \in \mathbb{C}^\times$ (siehe Aufgabe 2), so dass die Gruppe der Möbiustransformationen nach dem Homomorphiesatz der Gruppentheorie isomorph ist zur *projektiven linearen Gruppe*

$$\mathrm{PGL}_2(\mathbb{C}) = \mathrm{GL}_2(\mathbb{C})/\mathbb{C}^\times.$$

Erzeugung von Möbiustransformationen Beispiele von Möbiustransformationen sind die *Translationen* $z \mapsto z + b$, die *Drehstreckungen* $z \mapsto az$ mit $a \neq 0$ und die *Inversion* $z \mapsto 1/z$. Tatsächlich lässt sich jede Möbiustransformation (7.1.1) aus diesen drei Bausteinen zusammensetzen: Für $c = 0$ ist das klar, für $c \neq 0$ folgt das aus der Darstellung

$$T(z) = c^{-2}(bc - ad)\,(z - z_*)^{-1} + z'_*.$$

Unendlich ferner Punkt Für $c \neq 0$ kann die Ausnahmerolle des Pols z_* und des Werts z'_* durch Hinzunahme des unendlich fernen Punkts in der *erweiterten komplexen Ebene*[2]

$$\hat{\mathbb{C}} = \mathbb{C} \cup \{\infty\}$$

formal beseitigt werden (vergleiche dazu Korollar 3.5.6). Motiviert durch die entsprechenden Grenzwerte vereinbaren wir nun, dass

$$T(z_*) = \infty, \qquad T(\infty) = z'_*$$

(für $c = 0$ setzen wir dabei $z_* = z'_* = \infty$); damit ist $T : \hat{\mathbb{C}} \to \hat{\mathbb{C}}$ stets bijektiv.

---

[1] Wir schreiben $f : U \xrightarrow{\sim} U'$, wenn U durch f biholomorph auf U' abgebildet wird.
[2] Wir verzichten auf die Deutung von $\hat{\mathbb{C}}$ als *Riemann'sche Zahlensphäre* mittels stereografischer Projektion. Diese macht $\hat{\mathbb{C}}$ zu einem kompakten metrischen Raum.

Festlegung durch drei Punkte Eine Möbiustansformation $T \neq$ id besitzt in $\hat{\mathbb{C}}$ maximal zwei Fixpunkte: Für $c = 0$ sind das ∞ und, falls $a \neq d$, der Punkt $z = b/(d-a)$; für $c \neq 0$ sind das die Lösungen der quadratischen Gleichung

$$az + b = z(cz + d).$$

Daher ist eine Möbiustransformation bereits durch die Bilder dreier verschiedener Punkte $z_1, z_2, z_3 \in \hat{\mathbb{C}}$ eindeutig festgelegt: Gilt nämlich $T_1(z_j) = T_2(z_j)$ für $j = 1, 2, 3$, so hat $T_2^{-1} \circ T_1$ drei Fixpunkte und ist die Identität. Wir wollen jetzt zeigen, dass sich die Werte beliebig vorschreiben lassen. Dazu konstruieren wir zunächst eine Möbiustransformation, die z_1, z_2, z_3 auf $0, 1, \infty$ abbildet: Für $z_j \neq \infty$ $(j = 1, 2, 3)$ leistet das

$$T(z) = (z, z_1, z_2, z_3) = \frac{z - z_1}{z - z_3} : \frac{z_2 - z_1}{z_2 - z_3};$$

wir nennen (z, z_1, z_2, z_3) das *Doppelverhältnis* der vier Punkte z, z_1, z_2, z_3. Ist nun $z_j = \infty$ für ein j, so erhalten wir durch Grenzübergang

$$(z, \infty, z_2, z_3) = \frac{z_2 - z_3}{z - z_3}, \quad (z, z_1, \infty, z_3) = \frac{z - z_1}{z - z_3}, \quad (z, z_1, z_2, \infty) = \frac{z - z_1}{z_2 - z_1};$$

in jedem Fall bildet $T(z) = (z, z_1, z_2, z_3)$ die Punkte z_1, z_2, z_3 auf $0, 1, \infty$ ab. Mit dieser „Zwischenstation" haben wir folgendes Lemma bewiesen:

Lemma 7.1.3 *Zu zwei Tripeln (z_1, z_2, z_3) und (w_1, w_2, w_3) verschiedener Punkte in $\hat{\mathbb{C}}$ gibt es genau eine Möbiustransformation T mit $T(z_j) = w_j$ für $j = 1, 2, 3$:*

$$T = T_2^{-1} \circ T_1 \quad mit \quad T_1(z) = (z, z_1, z_2, z_3), \quad T_2(w) = (w, w_1, w_2, w_3).$$

Man berechnet also $w = T(z)$ durch Auflösen von $(w, w_1, w_2, w_3) = (z, z_1, z_2, z_3)$.

Möbiuskreise Die Elementargeometrie zeigt, dass drei verschiedene Punkte der Ebene – je nachdem ob sie kollinear sind oder nicht – eindeutig eine Gerade bzw. eine Kreislinie bestimmen; zwei verschiedene Punkte bestimmen eindeutig eine Gerade. Wenn wir vereinbaren, dass jede Gerade auch den unendlich fernen Punkt enthält, so legen also drei verschiedene Punkte $z_1, z_2, z_3 \in \hat{\mathbb{C}}$ in der komplexen Ebene eindeutig eine Gerade oder eine Kreislinie fest. Zur Vereinfachung bezeichnen wir sowohl Geraden als auch Kreislinien als *Möbiuskreise*. Möbiustransformationen bilden jetzt nicht nur Tripel verschiedener Punkte aufeinander ab, sondern auch die dadurch eindeutig bestimmten Möbiuskreise:

Satz 7.1.4 *Möbiustransformationen bilden Möbiuskreise auf Möbiuskreise ab.*

Beweis Die Gruppe der Möbiustransformationen wird von den Translationen, den Dreh-streckungen und der Inversion $z \mapsto 1/z$ erzeugt. Da der Satz für erstere offensichtlich ist, müssen wir ihn also nur für die Inversion beweisen. Aus Aufgabe 2 in Kap. 1 wissen wir, dass Möbiuskreise jene Punktmengen in $\mathbb{C}$ sind, die durch Gleichungen der Form

$$\alpha z\overline{z} + cz + \overline{c}\overline{z} + \delta = 0 \text{ mit } \alpha, \delta \in \mathbb{R}, c \in \mathbb{C}, \alpha\delta < |c|^2$$

beschrieben werden. Setzen wir hier $z = 1/w$ ein und multiplizieren mit $w\overline{w}$, so geht die Gleichung in eine Gleichung derselben Form über; es werden dabei lediglich α und δ sowie c und $\overline{c}$ miteinander vertauscht. $\square$

Für die Funktionentheorie ist das Abbildungsverhalten auf den von Möbiuskreisen be-randeten Gebieten entscheidend.

Korollar 7.1.5 *Die Möbiustransformation T mit $T(z_*) = \infty$ und $T(\infty) = z'_*$ bilde den Möbiuskreis L auf L' ab. Wir zerlegen die Komplemente*

$$\mathbb{C} \setminus (L \cup \{z_*\}) = U_1 \cup U_2, \qquad \mathbb{C} \setminus (L' \cup \{z'_*\}) = U'_1 \cup U'_2$$

in je zwei disjunkte Gebiete: zwei (punktierte) Halbebenen für Geraden bzw. (punk-tiertes) Kreisinneres und -äußeres für Kreislinien. Dann lässt sich die Anordnung so wählen, dass

$$T : U_j \xrightarrow{\sim} U'_j \qquad (j = 1, 2).$$

Beweis Da $T : \mathbb{C} \setminus \{z_*\} \to \mathbb{C} \setminus \{z'_*\}$ biholomorph ist und L auf L' abbildet, gilt nach dem Satz von der Gebietstreue 3.4.2 für eine geeignete Anordnung

$$T(U_j) \subset U'_j \quad \text{und} \quad T^{-1}(U'_j) \subset U_j \qquad (j = 1, 2),$$

also $T_j(U_j) = U'_j$ und damit $T : U_j \xrightarrow{\sim} U'_j$. $\square$

Die Zuordnung der Gebiete lässt sich mit folgenden Methoden finden:

(1) L' erbt mittels T einen festgelegten Durchlaufsinn von L. Liegt dann U_1 etwa zur Linken von L, so findet sich auch U'_1 zur Linken von L'.
(2) Für einen „Testpunkt" $z_0 \in U_1$ muss $T(z_0) \in U'_1$ gelten.
(3) Ist U_1 einfach zusammenhängend, nicht aber U_2, so ist auch U'_1 einfach zusammen-hängend, nicht aber U'_2.

Beispiel (Cayley-Abbildung)

Wir konstruieren ein $T : \mathbb{E} \xrightarrow{\sim} \mathbb{H}$. Dazu bilden wir die Kreislinie $\partial\mathbb{E}$ auf die Gerade $\mathbb{R} \cup \{\infty\}$ ab, indem wir für $0, 1, \infty$ Urbilder in $\partial\mathbb{E}$ wählen. Da $\mathbb{H}$ zur Linken der in der Reihenfolge $0, 1, \infty$ durchlaufenen Geraden liegt, wählen wir die Urbilder ebenfalls so, dass $\mathbb{E}$ zur Linken liegt: etwa $-1, -i, 1$. Damit gilt

$$T(z) = (z, -1, -i, 1) = i\,\frac{1+z}{1-z};$$

mit Pol $z_* = 1$ und Ausnahmewert $z'_* = -i$. Korollar 7.1.5 liefert sofort

$$T : \mathbb{E} \xrightarrow{\sim} \mathbb{H}, \qquad T : \mathbb{C} \setminus \overline{\mathbb{E}} \xrightarrow{\sim} -\mathbb{H} \setminus \{-i\}.$$

Dass die Bildgebiete korrekt zugeordnet wurden, sieht man – alternativ zur in der Konstruktion verwendeten Methode (1) – auch anhand der anderen beiden Methoden: Für $0 \in \mathbb{E}$ gilt z.B. $T(0) = i \in \mathbb{H}$. Aus (7.1.3) erhalten wir

$$T^{-1}(z) = \frac{z-i}{z+i}. \tag{7.1.4}$$

Diese spezielle Möbiustransformation heißt *Cayley-Abbildung*, sie bildet $\mathbb{H}$ biholomorph auf $\mathbb{E}$ sowie $-\mathbb{H} \setminus \{-i\}$ biholomorph auf $\mathbb{C} \setminus \overline{\mathbb{E}}$ ab.

7.2 Automorphismengruppe des Einheitskreises

Die gebrochen linearen *Involutionen* (vgl. (1) im Vorwort) der Form

$$\Phi_w(z) = \frac{z-w}{\overline{w}\,z - 1} \qquad (w \in \mathbb{E}) \tag{7.2.1}$$

gehören nach Korollar 7.1.5 zu $\operatorname{Aut}\mathbb{E}$: Es gilt nämlich $|\Phi_w(z)| = 1$ für $|z| = 1$ sowie $\Phi_w(w) = 0 \in \mathbb{E}$. Das folgende Lemma hilft uns zu zeigen, dass tatsächlich sogar jedes $T \in \operatorname{Aut}\mathbb{E}$ bis auf Drehung von dieser Form ist.

Lemma 7.2.1 (Schwarz) *Es sei* $f : \mathbb{E} \to \mathbb{E}$ *holomorph mit* $f(0) = 0$. *Dann gilt*

$$|f(z)| \le |z| \quad (z \in \mathbb{E}^\times), \qquad |f'(0)| \le 1.$$

Besteht in einer der beiden Ungleichungen in auch nur einem Punkt Gleichheit, so ist f *eine Drehung, d.h., es gibt ein* $\lambda \in S^1$ *mit* $f = \lambda\,\mathrm{id}$.

Beweis Die Funktion $g(z) = f(z)/z$ lässt sich mit dem Wert $g(0) = f'(0)$ holomorph in die hebbare Singularität $z = 0$ fortsetzen. Wegen $f(\mathbb{E}) \subset \mathbb{E}$ gilt für $|z| \le r < 1$ nach dem Maximumprinzip 3.4.3

$$|g(z)| \le \max_{|\zeta|=r} |g(\zeta)| = r^{-1} \max_{|\zeta|=r} |f(\zeta)| \le r^{-1}.$$

Grenzübergang $r \to 1$ liefert die Abschätzung $|g(z)| \le 1$, ausgeschrieben also die beiden behaupteten Ungleichungen für f. Gilt nun $|g(z_0)| = 1$ für ein $z_0 \in \mathbb{E}$, so ist g nach dem Maximumprinzip eine Konstante $\lambda \in S^1$. $\square$

Damit lässt sich $\operatorname{Aut} \mathbb{E}$ vollständig charakterisieren.

Satz 7.2.2 $\operatorname{Aut} \mathbb{E} = \{\lambda \Phi_w : w \in \mathbb{E}, \lambda \in S^1\}$.

Beweis Wir haben bereits „$\supset$" gezeigt. Für „$\subset$" betrachten wir ein $T \in \operatorname{Aut} \mathbb{E}$. Mit $w = T^{-1}(0) \in \mathbb{E}$ gilt $S(0) = 0$ für $S = T \circ \Phi_w^{-1} \in \operatorname{Aut} \mathbb{E}$. Wenden wir das Schwarz'sche Lemma auf sowohl S als auch S^{-1} an, so erhalten wir

$$|z| = |S^{-1}(S(z))| \le |S(z)| \le |z| \qquad (z \in \mathbb{E}),$$

d.h. $|S(z)| = |z|$ für alle $z \in \mathbb{E}$. Damit besteht Gleichheit im Schwarz'schen Lemma, so dass schließlich $S = \lambda \operatorname{id}$ für ein $\lambda \in S^1$. $\square$

Spiegelung an Möbiuskreisen Nach Satz 7.2.2 gibt es also zu jedem Paar $w \in \mathbb{E}, \zeta \in S^1$ genau ein $T \in \operatorname{Aut} \mathbb{E}$ mit $T(w) = 0$ und $T(\zeta) = 1$, nämlich

$$T(z) = \Phi_w(z)/\Phi_w(\zeta).$$

Da der Pol von Φ_w und damit auch derjenige von T bei $1/\overline{w}$ liegt, können wir T nach Lemma 7.1.3 auch unmittelbar anhand seiner Daten angeben:

$$T(z) = (z, w, \zeta, 1/\overline{w}).$$

Mittels Reskalierung und Verschiebung von $\mathbb{E}$ sehen wir sofort, dass es entsprechend zu jedem $w \in B_r(a), \zeta \in \partial B_r(a)$ eine eindeutige Möbiustransformation $T : B_r(a) \overset{\sim}{\to} \mathbb{E}$ gibt, für die $T(w) = 0$ und $T(\zeta) = 1$ gilt:

$$T(z) = (z, w, \zeta, w^*), \qquad (w^* - a)/r = r/(\overline{w} - \overline{a});$$

das so definierte w^* heißt *Spiegelung* von w an der Kreislinie $L = \partial B_r(a)$, die Punkte w und w^* heißen *symmetrisch* bzgl. L.

Diese Begriffsbildung erschließt sich aus der analogen Konstruktion für Halbebenen. Wir beginnen mit der eindeutigen[3] Möbiustransformation $T : \mathbb{H} \overset{\sim}{\to} \mathbb{E}$, die $w \in \mathbb{H}, \zeta \in \mathbb{R}$ auf $T(w) = 0$ und $T(\zeta) = 1$ abbildet. Nach Korollar 7.1.5 definiert

$$\Psi_w(z) = \frac{z - w}{z - \overline{w}}$$

---

[3] Eine weitere solche Abbildung S würde $\Phi = S \circ T^{-1} \in \operatorname{Aut} \mathbb{E}$ mit $\Phi(0) = 0$ und $\Phi(1) = 1$ erzeugen, so dass $\Phi(z) = (z, 0, 1, \infty) = z$ und daher $S = T$ wäre.

wegen $|\Psi_w(z)| = 1$ für $\operatorname{Im} z = 0$ ein $\Psi_w : \mathbb{H} \xrightarrow{\sim} \mathbb{E}$ mit $\Psi_w(w) = 0$, so dass

$$T(z) = \Psi_w(z)/\Psi_w(\zeta).$$

Demnach liegt der Pol von T bei $\overline{w}$ und Lemma 7.1.3 liefert kurz und bündig

$$T(z) = (z, w, \zeta, \overline{w}).$$

Geometrisch ist $\overline{w}$ die Spiegelung von w an der reellen Achse $\mathbb{R} = \partial\mathbb{H}$. Mittels Drehung und Verschiebung erhalten wir so zu jeder Geraden L und einer von ihr berandeten Halbebene U für gegebenes $w \in U$, $\zeta \in L$ eine eindeutige Möbiustransformation $T : U \xrightarrow{\sim} \mathbb{E}$ mit $T(w) = 0$ und $T(\zeta) = 1$:

$$T(z) = (z, w, \zeta, w^*), \qquad w^* \text{ Spiegelung von } w \text{ an } L.$$

Zusammengefasst haben wir folgendes bewiesen:

> **Korollar 7.2.3** *Es sei L ein Möbiuskreis und U ein von L berandeter Kreis bzw. eine von L berandete Halbebene. Dann gibt es zu jedem Paar $w \in U$, $\zeta \in L$ genau eine Möbiustransformation $T : U \xrightarrow{\sim} \mathbb{E}$ mit $T(w) = 0$ und $T(\zeta) = 1$, nämlich*
>
> $$T(z) = (z, w, \zeta, w^*), \qquad w^* \text{ Spiegelung von } w \text{ an } L.$$
>
> *Dabei ist die Spiegelung an einer Kreislinie $\partial B_r(a)$ durch die Symmetriebeziehung*
>
> $$(w^* - a)(\overline{w} - \overline{a}) = r^2$$
>
> *definiert. Beachte, dass $T(w) = 0$ und $T(w^*) = \infty$ symmetrisch bzgl. $\partial\mathbb{E}$ liegen.*

Beispiel
Mit diesem Korollar lassen sich Möbiustransformationen oft mit einem Minimum an Rechnung bestimmen: Man benötigt nur den zur Nullstelle w symmetrischen Punkt w^*. Suchen wir etwa das eindeutige $T : \mathbb{H} \xrightarrow{\sim} \mathbb{E}$ mit $T(i) = 0$ und $T(0) = 1$, so erhalten wir sofort (vgl. mit der Herleitung von (7.1.4)),

$$T(z) = (z, i, 0, -i) = \frac{i - z}{i + z}, \qquad T^{-1}(z) = i\,\frac{1 - z}{1 + z}.$$

Und für $a > 0$ ist die durch $T(0) = 0$ und $T(a) = 1$ eindeutig bestimmte Möbiustransformation $T : \{z : \operatorname{Re} z < a\} \xrightarrow{\sim} \mathbb{E}$ gegeben durch

$$T(z) = (z, 0, a, 2a) = \frac{z}{2a - z}, \qquad T^{-1}(z) = \frac{2az}{1 + z}. \tag{7.2.2}$$

7.3   Lösbarkeit transzendenter Gleichungen

Das Lemma von Schwarz 7.2.1 lässt sich mittels Möbiustransformationen auf Abbildungen zwischen Möbiuskreisen verallgemeinern. Wir zeigen eine Variante dieser Technik, die bemerkenswerte Konsequenzen besitzt.

Dazu betrachten wir ein f, das in einer Umgebung von $\overline{B}_R(0)$ holomorph ist. Aus dem Maximumsprinzip folgt (vgl. Aufgabe 29 in Kap. 3), dass

$$M(r) = \max_{|z|=r} |f(z)| \qquad (0 \le r \le R)$$

streng monoton wächst, es sei denn f ist konstant. Für ganze Funktionen besagt der Satz von Liouville 3.2.2, dass ein polynomielles Wachstum von $M(r)$ für $r \to \infty$ die Funktion f bereits zum Polynom macht. Ein feineres Instrument zur Untersuchung solcher Fragen ist die vorzeichenbehaftete Größe

$$A(r) = \max_{|z|=r} \operatorname{Re} f(z) \qquad (0 \le r \le R)$$

Aus der Darstellung (der reelle Logarithmus ist monoton)

$$A(r) = \log \max_{|z|=r} |e^{f(z)}|$$

folgt, dass $A(r)$ eine „verkleidete" Form von $M(r)$ für e^f ist. Insbesondere wächst auch $A(r)$ streng monoton, es sei denn f ist konstant. Es gilt zwar die triviale Abschätzung

$$A(r) \le M(r) \qquad (0 \le r \le R),$$

aber von besonderem Interesse ist eine Art Umkehrung:

Lemma 7.3.1 (Borel-Carathéodory Ungleichung) *Es sei f um $\overline{B}_R(0)$ holomorph. Dann gilt*

$$M(r) \le \frac{2r}{R-r} A(R) + \frac{R+r}{R-r} |f(0)| \qquad (0 \le r < R).$$

Beweis Durch Übergang zu $f(Rz)$ können wir uns auf $R = 1$ beschränken.

Schritt 1. Wir nehmen zunächst $f(0) = 0$ an. Da hier für konstantes f nichts zu zeigen ist, sei f zudem nicht konstant. Aus der strengen Monotonie von $A(r)$ folgt nun, dass $a = A(1) > A(0) = 0$ und

$$f(\mathbb{E}) \subset U = \{z : \operatorname{Re} z < a\}.$$

Mit $T : U \xrightarrow{\sim} \mathbb{E}$ aus (7.2.2) ist $g = T \circ f : \mathbb{E} \to \mathbb{E}$ und $g(0) = 0$; das Lemma von Schwarz liefert daher $|g(z)| \le |z|$ für $z \in \mathbb{E}$. Damit ist für $z \in \mathbb{E}$

$$f(z) = T^{-1}(g(z)) = \frac{2ag(z)}{1 + g(z)}, \qquad |f(z)| \le \frac{2a|z|}{1 - |z|}.$$

Maximumsbildung über $|z| = r$ liefert sodann die Behauptung.

Schritt 2. Im allgemeinen Fall wenden wir Schritt 1 auf $f(z) - f(0)$ an und erhalten für $|z| = r < 1$

$$|f(z) - f(0)| \le \frac{2r}{1 - r} \max_{|z|=1} \mathrm{Re}(f(z) - f(0)) \le \frac{2r}{1 - r} a + \frac{2r}{1 - r} |f(0)|.$$

Dreiecksungleichung und Maximumsbildung beenden den Beweis.   □

▶ **Bemerkung 7.3.2** Da $\mathrm{Re}\, f$ die holomorphe Funktion f nur bis auf eine additive Konstante festlegt (vgl. Korollar 1.6.3), reicht $A(R)$ allein zur Abschätzung von $M(r)$ nicht aus; der Auftritt von $f(0)$ ist also unvermeidbar.

Der Beweis zeigt zudem, dass die Ungleichung *scharf* ist. Für $f(z) = 2z/(1 + z)$ (so dass $g(z) = z$ im Beweis) ist nämlich $f(0) = 0$, $A(1) = 1$ und

$$M(r) = \frac{2r}{1 - r} \qquad (0 \le r < 1).$$

Insbesondere kann trotz $A(R) < \infty$ tatsächlich $M(r) \to \infty$ für $r \to R$ gelten.

Die Kraft dieser Ungleichung ist enorm, hier ein wichtiges Beispiel:

Korollar 7.3.3 (Verallgemeinerter Satz von Liouville) *Zu $f \in H(\mathbb{C})$ gebe es ein $\lambda \in S^1$ und ein $m \in \mathbb{N}_0$ mit*

$$\mathrm{Re}\left(\lambda f(z)\right) \le O(|z|^m) \qquad (z \to \infty).$$

Dann ist f Polynom vom Grad $\le m$.

Beweis Durch Übergang von f zu λf können wir uns auf $\lambda = 1$ beschränken. Die Voraussetzung besagt also $A(r) \le O(r^m)$ für $r \to \infty$, so dass die Borel-Carathéodory Ungleichung mit $R = 2r$

$$M(r) \le 2A(2r) + 3|f(0)| \le O(r^m) \qquad (r \to \infty)$$

liefert. Die Behauptung folgt jetzt aus dem Satz von Liouville 3.2.2.   □

▶ **Bemerkung 7.3.4** Ein weiterer Beweis ist in Aufgabe 22 in Kap. 3 skizziert.

Anwendung auf die Lösbarkeit transzendenter Gleichungen So wie wir mit dem Satz von Liouville die Frage nach Nullstellen von Polynomen (Fundamentalsatz der Algebra) beantworten konnten, so lässt sich mit seiner Verallgemeinerung die Existenz von Nullstellen ganzer transzendenter Funktionen klären. Wir geben hierfür zunächst ein Beispiel, bevor wir das Vorgehen etwas allgemeiner fassen.

Beispiel
Die ganze Funktion $f(z) = e^z - z$ besitzt eine Nullstelle. Wäre f nämlich nullstellenfrei, so gäbe es nach Satz 5.6.2 ein $\log f \in H(\mathbb{C})$ mit

$$\mathrm{Re} \log f(z) = \log |e^z - z| \leq |z| + 1 \qquad (z \in \mathbb{C}).$$

Der verallgemeinerte Satz von Liouville besagt dann, dass $\log f$ ein lineares Polynom der Form $az + b$ ist und damit

$$e^z - z = e^{az+b}.$$

Diese Beziehung ist *unmöglich*: Ein Vergleich der ersten Ableitungen in $z = 0$ liefert $0 = ae^b$, also $a = 0$. Die Funktion $e^z - z$ ist aber nicht konstant.

Definition 7.3.5

Eine ganze Funktion f hat *endliche Ordnung*, falls für ein $\rho \geq 0$

$$\log M(r) = O(r^\rho) \qquad (r \to \infty). \tag{7.3.1}$$

Das Infimum über alle derartigen ρ heißt *Ordnung* von f. Lässt sich in der Abschätzung (7.3.1) $\rho = 1$ wählen, so ist f vom *exponentiellen Typ*.

So sind sin und cos vom exponentiellen Typ; Polynome sind von der Ordnung Null. Funktionen der Form $e^{p(z)}$ mit einem Polynom p sind von der Ordnung $\deg p$ und erfüllen (7.3.1) auch für $\rho = \deg p$ (Aufgabe 18).

Satz 7.3.6 (Hadamard) *Eine ganze Funktion f endlicher Ordnung besitzt entweder unendlich viele Nullstellen oder ist von der Form*

$$f(z) = q(z)e^{p(z)},$$

mit Polynomen q und p.

Beweis Die Funktion f besitze (der Vielfachheit nach) nur die endlich vielen Nullstellen $z_1, \ldots, z_n$. Mit $q(z) = (z - z_1) \cdots (z - z_n)$ ist $g = f/q$ nach (7.3.1) eine nullstellenfreie ganze Funktion. Satz 5.6.2 liefert ein $p = \log g \in H(\mathbb{C})$. Nach Voraussetzung gilt für ein hinreichend groß gewähltes $\rho > 0$

$$\text{Re } p(z) = \log |g(z)| = \log |f(z)| - \log |q(z)| = O(|z|^{\rho}) \qquad (z \to \infty)$$

und p ist nach dem verallgemeinerten Satz von Liouville ein Polynom. □

Beispiel
Die ganze Funktion $e^z - z$ besitzt unendlich viele Nullstellen. Anderenfalls wäre sie als Funktion exponentiellen Typs nach dem Satz von Hadamard von der Form $q(z)e^{az+b}$ mit einem Polynom q. Ein Vergleich des Verhaltens für $z \to \infty$ oder aber eine Diskussion der zweiten Ableitung zeigt, dass dies unmöglich ist (siehe auch den Hinweis zu Aufgabe 19).

Kleiner Satz von Picard Émile Borel hat seine Ungleichung 1896 für den ersten elementaren, aber rechenintensiven Beweis des „kleinen" Satzes von Picard (vgl. Abschn. 8.3) benutzt:

Nichtkonstante ganze Funktionen nehmen jeden Wert aus $\mathbb{C}$ – mit höchstens einer Ausnahme – an.

Für nichtkonstante, ganze Funktionen f endlicher Ordnung können wir mit Hilfe des Satzes von Hadamard recht einfach sogar etwas mehr zeigen: *Ist $f(z) \neq w$ für alle $z \in \mathbb{C}$, so nimmt f jeden Wert $v \neq w$ unendlich häufig an.* (Eine weitere Verschärfung findet sich in Aufgabe 19.) Es ist dann nämlich

$$f(z) = w + e^{p(z)}$$

mit einem nichtkonstanten Polynom p, das nach dem Fundamentalsatz jeden der unendlich vielen möglichen Werte von $\log(v - w)$ annimmt.

7.4 Biholomorphiekriterien

Die Diskussion von Satz 1.7.4 hatte gezeigt, dass jedes $f \in H(U)$ mit nullstellenfreier Ableitung f' lokal biholomorph sowie lokal konform (d.h. lokal winkel- und orientierungstreu) ist. Wenn wir global Überlappungen transformierter Figuren (wie in Abb. 1.6) ausschließen, indem wir zusätzlich die *Injektivität* von f voraussetzen, nennen wir ein solches f (global) *konform*. Tatsächlich reicht die Injektivität für alle diese Eigenschaften bereits aus:[4]

> **Satz 7.4.1 (Umkehrsatz)** *Es sei U ein Gebiet und $f \in H(U)$ injektiv. Dann ist f biholomorph; insbesondere ist f' nullstellenfrei und f daher konform.*

---

[4] Injektive holomorphe Funktionen heißen auch *schlicht* oder *univalent*.

Beweis Als injektive Abbildung ist f nicht konstant und bildet nach dem Satz von der Gebietstreue 3.4.2 offene Mengen auf offene Mengen ab; daher ist $U' = f(U)$ ein Gebiet und $f : U \to U'$ ein Homöomorphismus. Die Nullstellenmenge N von f' ist nach dem Identitätssatz 3.1.3 diskret in U; als homöomorphes Bild ist $N' = f(N)$ diskret in U'. Nun ist f^{-1} auf U' stetig und nach Satz 1.7.4 auf $U' \setminus N'$ holomorph; also ist f^{-1} nach dem Riemann'schen Hebbarkeitssatz 3.5.2 auf ganz U' holomorph. Differentiation von $f \circ f^{-1} = \mathrm{id}$ liefert schließlich $f' \cdot (f^{-1})' = 1$, so dass tatsächlich $N = N' = \emptyset$. □

Die Injektivität lässt sich oft mit dem Argumentprinzip aus dem Randverhalten von f ermitteln. Wir begnügen uns mit einem nützlichen Beispiel; dabei heißt ein geschlossener Weg γ *einfach geschlossen*, wenn er ein einfacher Zyklus (Definition 5.4.2) ist und sein Träger der gemeinsame Rand von $\mathrm{Int}\,\gamma$ und $\mathrm{Ext}\,\gamma$ ist:

Korollar 7.4.2 (Randprinzip) *Es sei γ einfach geschlossener nullhomologer Weg im Bereich U. Der Bildweg unter der Abbildung f werde mit $\gamma_* = f \circ \gamma$ bezeichnet.*

(1) *Es sei $f \in H(U)$. Dann gilt: γ_* einfach geschlossen $\Rightarrow f : \mathrm{Int}\,\gamma \xrightarrow{\sim} \mathrm{Int}\,\gamma_*$.*
(2) *Es habe $f \in H(U \setminus \{z_0\})$ einen einfachen Pol in $z_0 \in \mathrm{Int}\,\gamma$. Dann gilt:*

$$-\gamma_* \text{ einfach geschlossen } \vee \left(\mathrm{Int}\,\gamma_* = \emptyset \wedge f(\mathrm{Int}\,\gamma \setminus \{z_0\}) \subset \mathrm{Ext}\,\gamma_* \right)$$
$$\Rightarrow \quad f : \mathrm{Int}\,\gamma \setminus \{z_0\} \xrightarrow{\sim} \mathrm{Ext}\,\gamma_*.$$

Beweis (1) Es sei γ_* einfach geschlossen. Nach Voraussetzung ist auch γ einfach geschlossen, so dass nach dem Argumentprinzip 5.5.1 für $w \in \mathbb{C} \setminus \gamma_*$ gilt:

$$N_f(w, \overline{\mathrm{Int}\,\gamma}) = \mathrm{ind}_{\gamma_*}(w) = [w \in \mathrm{Int}\,\gamma_*] \tag{$*$}$$

und damit $\mathrm{Int}\,\gamma_* \subset f(\mathrm{Int}\,\gamma) \subset \mathbb{C} \setminus \mathrm{Ext}\,\gamma_*$. Wegen $\mathrm{Int}\,\gamma_* \neq \emptyset$ ist f nicht konstant; nach dem Satz von der Gebietstreue 3.4.2 ist $f(\mathrm{Int}\,\gamma)$ ein Gebiet. Deshalb kann $f(\mathrm{Int}\,\gamma)$ den Träger von γ_* nicht schneiden (zu dessen rechter Seite nach Voraussetzung $\mathrm{Ext}\,\gamma_*$ liegt) und es gilt $f(\mathrm{Int}\,\gamma) = \mathrm{Int}\,\gamma_*$. Wegen ($*$) ist f injektiv und bildet $\mathrm{Int}\,\gamma$ nach dem Umkehrsatz biholomorph auf $\mathrm{Int}\,\gamma_*$ ab.

(2a) Es sei $-\gamma_*$ einfach geschlossen. Für $w \in \mathbb{C} \setminus \gamma_*$ ist dann

$$\mathrm{ind}_{\gamma_*}(w) = -[w \in \mathrm{Int}\,\gamma_*] = [w \in \mathrm{Ext}\,\gamma_*] - 1.$$

Wegen des einfachen Pols in $z_0 \in \mathrm{Int}\,\gamma$ liefert das Argumentprinzip daher

$$N_f(w, \overline{\mathrm{Int}\,\gamma}) - 1 = N_f(w, \overline{\mathrm{Int}\,\gamma}) - N_f(\infty, \overline{\mathrm{Int}\,\gamma}) = [w \in \mathrm{Ext}\,\gamma_*] - 1,$$

also $\mathrm{Ext}\,\gamma_* \subset f(\mathrm{Int}\,\gamma \setminus \{z_0\}) \subset \mathbb{C} \setminus \mathrm{Int}\,\gamma_*$. Aus $\mathrm{Ext}\,\gamma_* \neq \emptyset$ folgt daher wie im Fall (1), dass $f(\mathrm{Int}\,\gamma \setminus \{z_0\}) = \mathrm{Ext}\,\gamma_*$. Wegen der Anzahlformel ist f injektiv, also biholomorph.

(2b) Es sei Int $\gamma_* = \emptyset$ mit $f(\text{Int}\,\gamma \setminus \{z_0\}) \subset \text{Ext}\,\gamma_*$. Für $w \in \mathbb{C} \setminus \gamma_* = \text{Ext}\,\gamma_*$ ist analog zu Fall (2a)

$$N_f(w, \overline{\text{Int}\,\gamma}) - 1 = N_f(w, \overline{\text{Int}\,\gamma}) - N_f(\infty, \overline{\text{Int}\,\gamma}) = \text{ind}_{\gamma_*}(w) = 0.$$

Damit gilt $\text{Ext}\,\gamma_* \subset f(\text{Int}\,\gamma \setminus \{z_0\})$, also $f(\text{Int}\,\gamma \setminus \{z_0\}) = \text{Ext}\,\gamma_*$. Wegen der Anzahlformel ist f auch hier injektiv und damit biholomorph. $\qquad\square$

▶ **Bemerkung 7.4.3** Das Randprinzip kann mittels biholomorpher Transformationen verallgemeinert werden. Wir geben ein typisches Beispiel: Die Möbiustransformation T bilde $\mathbb{E}^\times$ biholomorph auf das Kreisäußere $\mathbb{C} \setminus \overline{B}$ ab (der Pol von T befindet sich dann in Null, vgl. Aufgabe 13). Besitzt die um das abgeschlossene Kreisäußere holomorphe Funktion f für $z \to \infty$ einen einfachen Pol, so folgt durch Anwendung von T auf den Fall (2) des Randprinzips

$$f \circ \partial B \text{ einfach geschlossen } \Rightarrow f : \mathbb{C} \setminus \overline{B} \xrightarrow{\sim} \text{Ext}(f \circ \partial B), \qquad (7.4.1)$$

wobei wir beachten, dass jedes solche T die Orientierung von Kreiswegen umkehrt (vgl. Aufgabe 13).

Abschließend betrachten wir noch die Abbildungseigenschaften jener Funktionen $f \in H(U)$, welche sich als Grenzwert einer lokal-gleichmäßig konvergenten Folge $f_n \in H(U)$ konstruieren lassen.

Satz 7.4.4 (Hurwitz) *Auf dem Gebiet $U \subset \mathbb{C}$ konvergiere die Folge $f_n \in H(U)$ lokal-gleichmäßig gegen die nichtkonstante Funktion $f \in H(U)$. Dann gilt:*

(1) *Zu jedem $z \in U$ gibt es $z_n \to z$, so dass $f_n(z_n) = f(z)$ für fast alle n.*
(2) *Liegen alle Bilder $f_n(U)$ in einer festen Menge $M \subset \mathbb{C}$, so ist auch $f(U) \subset M$.*
(3) *Sind alle f_n injektiv, so ist auch f injektiv.*
(4) *Sind alle f_n lokal biholomorph, so ist auch f lokal biholomorph.*

Beweis (1)[5] Ohne Einschränkung sei $f(z) = 0$. Nach dem Identitätssatz 3.1.3 gibt es (sonst wäre f konstant) eine kompakte Kreisscheibe $\overline{B} = \overline{B}_r(z) \subset\subset U$, in welcher z die einzige Nullstelle von f ist; insbesondere gilt damit

$$0 = |f(z)| < \min_{\zeta \in \partial B} |f(\zeta)|.$$

Da f_n auf $\partial B \cup \{z\} \subset\subset U$ gleichmäßig gegen f konvergiert, ist für fast alle n

$$|f_n(z)| < \min_{\zeta \in \partial B} |f_n(\zeta)|.$$

---

[5] Der Beweis dieses Teils lässt sich vergleichbar kurz auch mit Hilfe des Satzes von Rouché 5.5.3 führen, vgl. Aufgabe 30 in Kap. 5.

Nach dem Minimumprinzip (in Form von Lemma 3.4.1) gibt es also für diese n jeweils ein $z_n \in B$ mit $f_n(z_n) = 0$. Zudem gilt automatisch $z_n \to z$; anderenfalls gäbe es nämlich eine Teilfolge $z_{n'} \to w \in \overline{B} \setminus \{z\}$, deren Grenzwert eine weitere Nullstelle von f in $\overline{B}$ sein müsste: $f(w) = \lim f_n(z_n') = 0$.

(2) und (3) folgen aus (1): f kann nämlich in $z \in U$ keinen Wert annehmen, den nicht bereits fast alle f_n in der Nähe von z angenommen hätten.

(4) Die Folge der Ableitungen f_n' konvergiert nach dem Weierstraß'schen Konvergenzsatz 3.3.2 lokal-gleichmäßig gegen f'. Da f nichtkonstant ist, kann f' nicht identisch verschwinden. Eine lokale Verwendung des Umkehrsatzes zeigt, dass die f_n' nullstellenfrei sind; also ist nach (2) auch f' nullstellenfrei (setze $M = \mathbb{C}^\times$). Damit ist f nach Satz 1.7.4 lokal biholomorph. $\square$

7.5   Anwendung: Žukovskij-Transformation

Die rationale Funktion[6]

$$J(z) = \frac{1}{2}\left(z + \frac{1}{z}\right)$$

besitzt zahlreiche Anwendungen in Approximationstheorie und Strömungsdynamik. Da J in 0 und ∞ einen einfachen Pol besitzt und ihre Ableitung

$$J'(z) = \frac{1}{2}\left(1 - \frac{1}{z^2}\right)$$

genau für $z = \pm 1$ verschwindet, folgt aus $J : U \xrightarrow{\sim} U'$ notwendigerweise:

$$\{-1, 0, 1\} \cap U = \emptyset;$$

Tabelle 7.1 listet einige solcher Fälle $J : U \xrightarrow{\sim} U'$, die wir jetzt herleiten wollen. Zur Vorbereitung charakterisieren wir, wann $J(z)$ reelle Werte annimmt:

$$J(z) \in [-1, 1] \;\Leftrightarrow\; z \in \partial\mathbb{E}, \qquad J(z) \in \mathbb{R} \setminus (-1, 1) \;\Leftrightarrow\; z \in \mathbb{R}^\times, \tag{7.5.1}$$

was sich durch Trennung in Real- und Imaginärteil sofort nachrechnen lässt.

(a) Folgt aus dem Randprinzip 7.4.2: Wegen (7.5.1) gilt $J(\mathbb{E}^\times) \subset \mathbb{C} \setminus [-1, 1]$ und mit $\gamma = J \circ \partial\mathbb{E}$ ist $[\gamma] = [-1, 1]$, also $\mathrm{Int}\,\gamma = \emptyset$ und $\mathrm{Ext}\,\gamma = \mathbb{C} \setminus [-1, 1]$.

(b) Folgt sofort aus (a), da J invariant unter der Inversion $z \mapsto 1/z$ ist.

---

[6] In der klassischen Literatur wird Žukovskij häufig als „Joukowski" transkribiert.

Tab. 7.1 Žukovskij-Transformation: Nützliche Fälle von $J : U \overset{\sim}{\to} U'$

Fall	U	U'
(a)	$\mathbb{E}^{\times}$	$\mathbb{C} \setminus [1, -1]$
(b)	$\mathbb{C} \setminus \overline{\mathbb{E}}$	$\mathbb{C} \setminus [1, -1]$
(c)	$-\mathbb{H} \cap \mathbb{E}$	$\mathbb{H}$
(d)	$\mathbb{H} \setminus \overline{\mathbb{E}}$	$\mathbb{H}$
(e)	$\mathbb{H}$	$\mathbb{G}$

(c) Mit (7.5.1) und (a) gilt $J : \mathbb{E} \setminus \mathbb{R} \overset{\sim}{\to} \mathbb{C} \setminus \mathbb{R}$. Die Symmetrie $J(\overline{z}) = \overline{J(z)}$ und der Satz von der Gebietstreue ergeben daher entweder $J(-\mathbb{H} \cap \mathbb{E}) = -\mathbb{H}$ oder $J(-\mathbb{H} \cap \mathbb{E}) = \mathbb{H}$; wegen $J(-i/2) = 3i/4$ ist Letzteres der Fall.

(d) Folgt aus (c), da Inversion $\mathbb{H} \setminus \overline{\mathbb{E}}$ biholomorph auf $-\mathbb{H} \cap \mathbb{E}$ abbildet.

(e) Aus (d), der Konjugation von (c) und (7.5.1) folgt die Bijektivität von $J : \mathbb{H} \to \mathbb{H} \cup (-1, 1) \cup -\mathbb{H} = \mathbb{G}$, also nach dem Umkehrsatz 7.4.1 $J : \mathbb{H} \overset{\sim}{\to} \mathbb{G}$.

Im Fall (e) bezeichne $J_{(e)}^{-1} : \mathbb{G} \overset{\sim}{\to} \mathbb{H}$ die Umkehrfunktion von J.

Arkuskosinus Für $\phi \in (0, \pi)$ ist $x = \cos \phi = J(e^{i\phi}) \in (-1, 1) \subset \mathbb{G}$, so dass wegen $e^{i\phi} \in \mathbb{H}$

$$J_{(e)}^{-1}(x) = e^{i\phi} = \cos \phi + i \sin \phi = x + i \sqrt{1 - x^2}.$$

Anwendung des Hauptzweigs des komplexen Logarithmus liefert somit

$$\arccos x = \phi = \frac{1}{i} \operatorname{Log} J_{(e)}^{-1}(x) = \frac{1}{i} \operatorname{Log} \left(x + i \sqrt{1 - x^2} \right) \qquad (-1 < x < 1).$$

Für $z \in \mathbb{G}$ ist $1 - z^2 \in \mathbb{C}^-$, so dass aus dem Identitätssatz die Darstellung

$$J_{(e)}^{-1}(z) = z + i \sqrt{1 - z^2} \qquad (z \in \mathbb{G}; \text{ Hauptzweig der Wurzel})$$

mit Werten in $\mathbb{H}$ folgt. Weil Log dort aber holomorph ist, stellt schließlich

$$\operatorname{Arccos}(z) = \frac{1}{i} \operatorname{Log} \left(z + i \sqrt{1 - z^2} \right) \qquad (z \in \mathbb{G}; \text{ Hauptzweig der Wurzel})$$

die *eindeutige* holomorphe Fortsetzung von $\arccos : (-1, 1) \to (0, \pi)$ auf das „Doppelschlitzgebiet" $\mathbb{G}$ dar: Sie heißt *Hauptzweig des Arkuskosinus*. Nach dem Permanenzprinzip gilt

$$\cos \left(\operatorname{Arccos} z \right) = z \qquad (z \in \mathbb{G}).$$

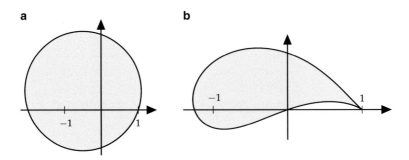

Abb. 7.1 Žukovskij-Transformation: Bild (**b**) eines Kreises durch 1 (**a**)

Kutta-Žukovskij-Profil Da J in $z = 1$ nicht konform ist, wird eine durch diesen Punkt verlaufene Kreislinie ∂B auf eine Kurve mit einer „Spitze" abgebildet; siehe Abb. 7.1 für den speziellen Fall des Kreises

$$B = B_r(z_0) \quad \text{mit} \quad r = \sqrt{5/2}, \; z_0 = (i-1)/2.$$

Für andere Radien r und Mittelpunkte $z_0 \in \mathbb{H}$ mit $1 \in \partial B$ und $\{-1, 0\} \subset B$ entstehen Varianten des „tragflächenförmigen" *Kutta-Žukovskij-Profils* $J \circ \partial B$. In den Anfangs-jahren der Luftfahrt sind diese Profile tatsächlich Ausgangspunkt auftriebserzeugender Querschnitte von Tragflächen gewesen: Bezeichnen wir einen solchen Querschnitt mit $K \subset\subset \mathbb{C}$, so gilt nämlich

$$J : \mathbb{C} \setminus \overline{B} \xrightarrow{\sim} \mathbb{C} \setminus K; \tag{7.5.2}$$

man konnte daher die explizit berechenbare Potentialströmung um einen Zylinder mittels J auf die Umströmung einer Tragfläche biholomorph „transplantieren" und so den Auf-trieb des Profils berechnen. Dabei folgt (7.5.2) unmittelbar aus dem Randprinzip in der Form (7.4.1), da ∂K offenbar ein einfach geschlossener Weg ist (wobei $\partial K = J \circ \partial B$ auch unter Berücksichtigung der Orientierung gilt).

7.6 Riemann'scher Abbildungssatz

Bernhard Riemann hat den berühmten Abbildungssatz 1851 in seiner Dissertation[7] (unter eingeschränkten Voraussetzungen an den Rand des Gebiets) formuliert und mit poten-tialtheoretischen Mitteln bewiesen: *Jedes einfach zusammenhängende Gebiet $U \neq \mathbb{C}$ ist biholomorph äquivalent zu* $\mathbb{E}$. Im Wettstreit fanden Carathéodory und Paul Koebe um 1912 mit der Iteration von Quadratwurzelabbildungen einen wesentlich einfacheren Zugang; Lipót Fejér und Frigyes Riesz kamen 1922 auf die elegante Idee, das iterative

---

[7] Gauß nannte sie in seinem kurzen Gutachten eine „gediegene werthvolle Arbeit".

Verfahren durch ein Extremalproblem zu ersetzen. Den letzten Schliff bekam dieser Ideenkreis 1929 durch Alexander M. Ostrowski, der konzeptionell sämtliche expliziten (und damit kontingenten) Rechnungen aus dem Beweis tilgte. Das hier vorgestellte Kronjuwel eines Beweises ist als Gemeinschaftswerk daher „nicht vom Himmel gefallen".

Die Grundidee der Iteration von Carathéodory und Koebe ist recht anschaulich. Zunächst wird (1) das gegebene, einfach zusammenhängende Gebiet $U \neq \mathbb{C}$ injektiv auf ein Teilgebiet von $\mathbb{E}$ abgebildet. Dieses wird sodann (2) sukzessive innerhalb von $\mathbb{E}$ „gedehnt", bis $\mathbb{E}$ im Limes völlig „ausgeschöpft" ist. Die in (1) und (2) verwendeten Teilabbildungen lauten:

> **Lemma 7.6.1 (Carathéodory-Koebe)** *Es sei $U \subset \mathbb{C}$ ein Gebiet, in welchem jedes nullstellenfreie $f \in H(U)$ eine Quadratwurzel $\sqrt{f} \in H(U)$ besitzt.*[8]
>
> (1) *Für $U \neq \mathbb{C}$ gibt es eine holomorphe Injektion $f : U \to \mathbb{E}$.*
> (2) *Für $0 \in U \subsetneq \mathbb{E}$ gibt es eine holomorphe Injektion $f : U \to \mathbb{E}$ mit („Dehnung")*
>
> $$f(0) = 0, \qquad |f(z)| > |z| \quad (z \in U \setminus \{0\}), \qquad |f'(0)| > 1.$$

Beweis (1) Es sei $w \notin U$. Dann ist $z \mapsto z - w$ nullstellenfrei in U, und es existiert eine holomorphe Quadratwurzel $h(z) = \sqrt{z - w}$. Wegen $h(z)^2 + w = z$ ist h injektiv und nimmt auch keine Werte entgegengesetzten Vorzeichens an. Gebietstreue (Satz 3.4.2) garantiert eine offene Kreisscheibe $B_r(h(z_0)) \subset h(U)$, und es gilt (wegen jenes Ausschlusses entgegengesetzter Vorzeichen)

$$h(U) \cap B_r(-h(z_0)) \subset h(U) \cap -h(U) = \emptyset.$$

Also ist $|h(z) + h(z_0)| \geq r$ für alle $z \in U$ und $f(z) = \frac{1}{2}r/(h(z) + h(z_0))$ bildet U injektiv auf ein Teilgebiet von $\mathbb{E}$ ab.

(2) Es sei $w \in \mathbb{E} \setminus U$. Dann ist die Involution $\Phi_w \in \operatorname{Aut} \mathbb{E}$ aus (7.2.1) nullstellenfrei in U, und es existiert nach Voraussetzung eine holomorphe (und injektive) Quadraturwurzel $\sqrt{\Phi_w} : U \to \mathbb{E}$. Mit $w' = \sqrt{\Phi_w}(0)$ gilt für die holomorphe Injektion $f = \Phi_{w'} \circ \sqrt{\Phi_w} : U \to \mathbb{E}$, dass $f(0) = 0$. Um schließlich $|f'(0)| > 1$ zu zeigen, betrachten wir die auf ganz $\mathbb{E}$ holomorphe Umkehrabbildung $g(z) = \Phi_w(\Phi_{w'}^2(z))$. Da g genau wie die Quadratfunktion auf $\mathbb{E}$ nicht injektiv ist, kann es sich um keine Drehung handeln; das Schwarz'sche Lemma 7.2.1 liefert daher $|g(z)| < |z|$ $(z \in \mathbb{E}^\times)$ und $1/|f'(0)| = |g'(0)| < 1$. $\qquad\square$

Der folgende Beweis zeigt, wie sich die ursprüngliche Iteration durch ein Extremalproblem ersetzen lässt: (1) aus Lemma 7.6.1 liefert, dass die zulässige Menge nichtleer ist; und (2) zeigt, dass die optimale Abbildung surjektiv ist (anderenfalls ließe sie sich über das Optimum hinaus „dehnen").

---

[8] Wir nennen eine Funktion g Quadraturwurzel von f in U, falls $g^2 = f$.

Satz 7.6.2 (Riemann'scher Abbildungssatz) *Für ein Gebiet $U \subset \mathbb{C}$ sind äquivalent:*

(i)   *U ist einfach zusammenhängend.*
(ii) *Jedes nullstellenfreie $f \in H(U)$ besitzt eine Quadratwurzel $\sqrt{f} \in H(U)$.*
(iii) *Es ist $U = \mathbb{C}$ oder es gilt: $U \neq \mathbb{C}$ und U ist biholomorph äquivalent zu $\mathbb{E}$.*[9]

Beweis Schritt 1: (i) $\Rightarrow$ (ii). Nach Satz 5.6.2 besitzt ein nullstellenfreies $f \in H(U)$ einen Logarithmus $\log f \in H(U)$. Dann definiert $\sqrt{f} = \exp(\frac{1}{2} \log f)$ eine holomorphe Quadratwurzel.

Schritt 2: (iii) $\Rightarrow$ (i). Als sternförmige Gebiete sind $\mathbb{C}$ und $\mathbb{E}$ einfach zusammenhängend und nach Bemerkung 5.6.3 ist einfacher Zusammenhang eine biholomorphe Invariante.

Schritt 3: (ii) $\Rightarrow$ (iii). Für $U \neq \mathbb{C}$ und festes $z_0 \in U$ betrachten wir

$$\mu = \sup_{f \in \mathcal{F}} |f'(z_0)|, \quad \mathcal{F} = \{f \in H(U) : f \text{ injektiv}, f(U) \subset \mathbb{E}, f(z_0) = 0\}.$$

Nach Teil (1) des Lemma von Carathéodory-Koebe ist $\mathcal{F}$ nichtleer; die dort angegebene Funktion muss ggf. durch ein $\Phi \in \mathrm{Aut}\,\mathbb{E}$ ergänzt werden, um z_0 auf 0 abzubilden. Also gibt es eine Maximalfolge $f_n \in \mathcal{F}$ mit $|f_n'(z_0)| \to \mu$. Da die f_n durch 1 beschränkt sind, konvergiert nach dem Satz von Montel 3.3.3 eine Teilfolge (die wir einfach wieder mit f_n bezeichnen) lokal-gleichmäßig gegen ein $f \in H(U)$. Nach Teil (2) und (3) des Satzes von Hurwitz 7.4.4 wird U durch f injektiv (und damit biholomorph) auf ein Teilgebiet von $\mathbb{E}$ abgebildet; mit $f(z_0) = \lim_{n \to \infty} f_n(z_0) = 0$ ist $f \in \mathcal{F}$. Schließlich folgt aus dem Weierstraß'schen Konvergenzsatz 3.3.2, dass $f_n'(z_0) \to f'(z_0)$ und somit $\mu = |f'(z_0)|$ als Maximum angenommen wird; es ist $\mu > 0$ (Umkehrsatz).

Um den Beweis abzuschließen, müssen wir noch $f(U) = \mathbb{E}$ zeigen. Wäre $V = f(U) \subsetneq \mathbb{E}$, so gäbe es nach Teil (2) des Lemma von Carathéodory-Koebe eine holomorphe Injektion $\psi : V \to \mathbb{E}$ mit $\psi(0) = 0$ und $|\psi'(0)| > 1$. Dann wäre aber auch $g = \psi \circ f \in \mathcal{F}$ und

$$|g'(z_0)| = |\psi'(0)| \cdot |f'(z_0)| > |f'(z_0)| = \mu$$

im Widerspruch zur Maximalität von $\mu > 0$. $\square$

Wegen des Kompaktheitsarguments ist dieser Beweis *nicht konstruktiv*. Eine Darstellung der ursprünglichen, konstruktiven Theorie von Carathéodory und Koebe findet sich in [28, S. 190–200]; ihr moderner Abkömmling ist der Reißverschluss-Algorithmus (Zipper) von Reiner Kühnau und Donald E. Marshall [23].

---

[9] Nach dem Satz von Liouville 3.2.2 können $\mathbb{C}$ und $\mathbb{E}$ *nicht* biholomorph äquivalent sein.

7.7 Aufgaben

1. Zeige: $T(z) = (az + b)/(cz + d)$ ist konstant für $ad - bc = 0$.

2. Zeige für $M \in \mathrm{GL}_2(\mathbb{C})$: $T_M = \mathrm{id}$ genau dann, wenn $M = aI$ für ein $a \in \mathbb{C}^\times$.

3. Bestimme alle Involutionen unter den Möbiustransformationen: $T \circ T = \mathrm{id}$. Welche gehören zu $\mathrm{Aut}\,\mathbb{H}$, welche zu $\mathrm{Aut}\,\mathbb{E}$? Wiederhole die Überlegungen für die Möbiustransformationen T mit $T \circ T \circ T = \mathrm{id}$.

4. Zeige: Jede Möbiustransformation ist von der Form T_M für ein

$$M \in \mathrm{SL}_2(\mathbb{C}) = \{M \in \mathbb{C}^{2 \times 2} : \det M = 1\};$$

die Gruppe der Möbiustransformationen ist isomorph zu $\mathrm{PSL}_2(\mathbb{C}) = \mathrm{SL}_2(\mathbb{C})/\{\pm I\}$.

5. Schreibe die Möbiustransformation $T(z) = (az + b)/(cz + d)$ als Doppelverhältnis:

$$T(z) = (z, z_1, z_2, z_3).$$

6. Es seien z_1, z_2, z_3 verschiedene Punkte in $\hat{\mathbb{C}}$. Zeige die Invarianz des Doppelverhältnisses unter einer Möbiustransformation T:

$$(z, z_1, z_2, z_3) = (Tz, Tz_1, Tz_2, Tz_3) \qquad (z \in \hat{\mathbb{C}}).$$

7. Zeige: $z \in \hat{\mathbb{C}}$ liegt genau dann auf dem durch das Tripel (z_1, z_2, z_3) verschiedener Punkte in $\hat{\mathbb{C}}$ bestimmten Möbiuskreis, wenn $(z, z_1, z_2, z_3) \in \mathbb{R} \cup \{\infty\}$ gilt.

8. Zeige: Wird $\mathbb{R} \cup \{\infty\}$ durch die Möbiustransformation T auf sich selbst abgebildet, so gilt $T(\bar{z}) = \overline{T(z)}$.

9. Setze die Eigenvektoren von M mit den Fixpunkten von T_M in Beziehung.

10. Es sei $B = B_r(z_0)$ und $w_0 \in B$. Konstruiere eine Möbiustransformation mit

$$T : \mathbb{E} \overset{\sim}{\to} B, \qquad T(0) = w_0.$$

11. Es sei B eine offene Kreisscheibe mit $\partial B \subset \mathbb{E}$. Konstruiere eine Möbiustransformation T, welche „die Kreise konzentrisch macht", so dass für ein $0 < r < 1$:

$$T : \mathbb{E} \overset{\sim}{\to} \mathbb{E}, \qquad T : B \overset{\sim}{\to} B_r(0).$$

Zusatz. Folgere hieraus den *Steiner'schen Kreiskettensatz* der ebenen Geometrie.

12. Zeige: Für $T(z) = (1 + z)/(1 - z)$ gilt $T : \mathbb{E} \overset{\sim}{\to} \mathbb{T}$ und $T : \mathbb{G} \overset{\sim}{\to} \mathbb{C}^-$.

13. Konstruiere für $B = B_r(z_0)$ eine Möbiustransformation mit $T : \mathbb{E}^\times \overset{\sim}{\to} \mathbb{C} \setminus \overline{B}$. Zeige für solche T: $T(0) = \infty$ und T kehrt die Orientierung von Kreiswegen um.

14. Es sei $f : \mathbb{E} \to \mathbb{E}$ holomorph. Zeige die *Schwarz-Pick'sche Formel*

$$\frac{|f'(z)|}{1 - |f(z)|^2} \leq \frac{1}{1 - |z|^2} \qquad (z \in \mathbb{E})$$

und charakterisiere den Fall, dass für einen Punkt Gleichheit eintritt.

15. Zeige folgende äquivalente Fassung von Satz 7.2.2:

$$\text{Aut}\,\mathbb{E} = \left\{ \frac{az + b}{\overline{b}z + \overline{a}} : a, b \in \mathbb{C}, |a|^2 - |b|^2 = 1 \right\}.$$

16. Zeige $\text{Aut}\,\mathbb{H} = \{T_M : M \in \text{SL}_2(\mathbb{R})\}$ und folgere $\text{Aut}(\mathbb{H}) \simeq \text{PSL}_2(\mathbb{R})$.
    Hinweis: Folgere aus Satz 7.2.2, dass $\text{Aut}\,\mathbb{H}$ nur aus Möbiustransformationen besteht. Letztere sind hier genau jene T_M mit $T_M(i) \in \mathbb{H}$, die $\mathbb{R}$ auf sich selbst abbilden.

17. Die Möbiustransformation T bilde den Möbiuskreis L auf L' ab. Zeige, dass T jedes Paar bzgl. L symmetrischer Punkte auf ein Paar bzgl. L' symmetrischer Punkte abbildet. Wird L durch T auf die reelle Achse abgebildet, so folgere dass

$$S(z) = T^{-1}\left(\overline{T(z)} \right)$$

unabhängig von der speziellen Wahl von T die *Spiegelung* an L liefert: $S(z) = z^*$.

18. Zeige für ein Polynom p vom Grad m: p ist eine ganze Funktion der Ordnung Null, $f = e^p$ ist eine ganze Funktion der Ordnung m mit

$$\log M(r) = O(r^m) \qquad (r \to \infty).$$

19. Zeige folgende Variante des Satzes von Picard: Nichtkonstante ganze Funktion endlicher Ordnung nehmen jeden Wert in $\mathbb{C}$ mit höchstens einer Ausnahme *unendlich* häufig an. (Die Voraussetzung der endlichen Ordnung ist verzichtbar, siehe Abschn. 8.5.)
    Hinweis: Nutze, dass die Beziehung

$$1 = q_1(z)e^{p_1(z)} + q_2(z)e^{p_2(z)} \qquad (z \in \mathbb{C})$$

für Polynome q_1, p_1, q_2, p_2 nur möglich ist, wenn p_1 und p_2 konstant sind. Um das zu zeigen, differenziere die Beziehung und beachte, dass nichtkonstante, nullstellenfreie ganze Funktionen nicht rational sein können.

20. Es sei f eine periodische ganze Funktion endlicher Ordnung. Zeige: f besitzt unendlich viele Fixpunkte. Wende dieses Ergebnis auf exp und sin an. (Siehe auch Aufgabe 25 in Kap. 8.)

21. Betrachte das unendlich-dimensionale Gleichungssystem

$$\sum_{k=1}^{n} \binom{n}{k} a_k b_{n-k} = 2^n \qquad (n \in \mathbb{N})$$

und zeige: Unter der Bedingung $a_n, b_n \geq 0$ $(n \in \mathbb{N})$ gibt es zu $a_1 = b_1 = 1$ nur die eindeutige Lösung $a_n = b_n = 1$ $(n \in \mathbb{N})$. Warum ist das überraschend?

Hinweis. Zeige zunächst, dass die exponentiell erzeugenden Funktionen

$$f(z) = 1 + \sum_{n=1}^{\infty} \frac{a_n}{n!} z^n, \qquad g(z) = 1 + \sum_{n=1}^{\infty} \frac{b_n}{n!} z^n$$

ganze Funktionen vom exponentiellen Typ sind, und bestimme das Produkt $f(z) \cdot g(z)$.

22. Beweise den einfachen, aber effektiven Satz von Noshiro und Warschawski:

    Es sei U ein konvexes Gebiet und $f \in H(U)$. Ist Re $f' > 0$, dann ist f injektiv.

    Hinweis. Schreibe $f(w) - f(z)$ als Integral.

23. Zeige, dass in allen Fassungen des Randprinzips (siehe Abschn. 7.4), in denen Int $\gamma_* \neq \emptyset$ für den Bildweg $\gamma_* = f \circ \gamma$ gilt, Bild- und Urbildbereich der Äquivalenz $f : U \xrightarrow{\sim} U'$ jeweils beide auf entweder der linken oder der rechten Seite von γ_* bzw. γ liegen.

24. Zeige unter den Voraussetzungen des Satzes 7.4.4 von Hurwitz: Sind alle f_n injektiv und gilt $f_n(z_n) \to f(z)$ für $z_n, z \in U$, so konvergiert $z_n \to z$.

25. Bestimme $J_{(a)}^{-1}$ für $J : \mathbb{E}^\times \xrightarrow{\sim} \mathbb{C} \setminus [-1, 1]$. Welchen Wert besitzt $\lim_{w \to \infty} J_{(a)}^{-1}(w)$?

26. Zeige: Eine ganze Funktion mit Werten in $\mathbb{C} \setminus [-1, 1]$ ist konstant; verallgemeinere.

27. Zeige, dass

    $$\mathrm{Arcsin}(z) = \frac{1}{i} \mathrm{Log}\left(iz + \sqrt{1 - z^2}\right) \qquad (z \in \mathbb{G}; \text{Hauptzweig der Wurzel})$$

    die holomorphe Fortsetzung von $\arcsin : (-1, 1) \to (-\pi/2, \pi/2)$ auf $\mathbb{G}$ ist.

28. Bestimme die holomorphe Fortsetzung von $\arctan : \mathbb{R} \to (-\pi/2, \pi/2)$ auf $i\,\mathbb{G}$.
    Hinweis: $T(z) = (1 + z)/(1 - z)$ vermittelt $T : \mathbb{G} \xrightarrow{\sim} \mathbb{C}^-$ (vgl. Aufgabe 12).

29. Für $T(z) = (z - 1)/(z + 1)$ gilt $T(J(z)) = T(z)^2$. Leite daraus Tabelle 7.1 her.

30. Finde eine biholomorphe Abbildung $f : \mathbb{E} \xrightarrow{\sim} \mathbb{C}^-$.

31. Zeige $\sin : \{z \in \mathbb{H} : -\pi/2 < \mathrm{Re}\, z < \pi/2\} \xrightarrow{\sim} \mathbb{H}$.

32. Für $r > 1$ sei E_r das Innere der Ellipse mit den Brennpunkten ± 1 und den Halbachsen der Längen $(r + r^{-1})/2$, $(r - r^{-1})/2$. Zeige für die Žukovskij-Transformation:

    $$J : \mathbb{C} \setminus \overline{B}_r(0) \xrightarrow{\sim} \mathbb{C} \setminus \overline{E}_r, \qquad J : B'_{1/r}(0) \xrightarrow{\sim} \mathbb{C} \setminus \overline{E}_r.$$

33. Ergänze den Riemann'schen Abbildungssatz um folgende Aussage: Es sei $U \neq \mathbb{C}$ ein einfach zusammenhängendes Gebiet und $z_0 \in U$. Dann gibt es eine *eindeutige* biholomorphe Abbildung $f : U \xrightarrow{\sim} \mathbb{E}$ mit $f(z_0) = 0$ und $f'(z_0) > 0$.

34. Es sei $U \neq \mathbb{C}$ einfach zusammenhängendes Gebiet, $z_0 \in U$ und $f \in \operatorname{Aut} U$ mit $f(z_0) = z_0$ und $f'(z_0) > 0$. Zeige: $f = \operatorname{id}_U$.

35. Es sei $U \subset \mathbb{C}$ einfach zusammenhängendes Gebiet. Zeige, dass $\operatorname{Aut} U$ *transitiv* auf U operiert: Zu $z, w \in U$ gibt es ein (nicht eindeutiges) $f \in \operatorname{Aut} U$ mit $f(z) = w$.

36. Zeige, dass $\operatorname{Aut} \mathbb{C}$ *scharf zweifach transitiv* auf $\mathbb{C}$ operiert: Zu zwei Paaren (z_1, z_2) und (w_1, w_2) von einander verschiedener Punkte gibt es genau ein $T \in \operatorname{Aut} \mathbb{C}$ mit $T(z_j) = w_j$.

37. Liste alle äquivalenten Charakterisierungen einfach zusammenhängender Gebiete aus dem Buch auf. Welche sind funktionentheoretischer, welche topologischer Natur?

38. Die für $|z| < 1$ konvergente Potenzreihe $f(z) = \sum_{n=0}^{\infty} a_n z^n$ bilde $\mathbb{E}$ biholomorph auf das beschränkte Gebiet U ab. Zeige, dass der Flächeninhalt von U gegeben ist durch

$$|U| = \pi \sum_{n=1}^{\infty} n |a_n|^2.$$

39. *Herausforderung:* Die Funktion $f : \mathbb{E} \to \mathbb{E}$ sei derart, dass es zu jedem $z_1, z_2, z_3 \in \mathbb{E}$ ein holomorphes $g : \mathbb{E} \to \mathbb{E}$ gibt mit $g(z_j) = f(z_j)$, $j = 1, 2, 3$. Zeige: f ist holomorph.
Was ändert sich, wenn man $\mathbb{C}$ statt $\mathbb{E}$ betrachtet; was bei Punktepaaren statt Tripeln? Durch welche Gebiete lässt sich $\mathbb{E}$ ersetzen?
Hinweis: mathoverflow.net/questions/130998.

Normale Familien

8

Kompaktheitsargumente sind eine kraftvolle Quelle von Existenz- und Unmöglichkeits-resultaten: Ein Beispiel ist der Auftritt des Satzes von Montel 3.3.3 im Beweis des Rie-mann'schen Abbildungssatzes 7.6.2. Sehr weitreichende Resultate lassen sich erzielen, wenn das zugrundegelegte Konvergenzkonzept auch die Möglichkeit des „Abwanderns" von Werten nach ∞ miteinbezieht:

Definition 8.0.1

Es sei U ein Gebiet. Eine Familie[1] $\mathcal{F} \subset H(U)$ heißt *normal* (in U), falls jede Folge aus $\mathcal{F}$ eine Teilfolge f_n besitzt, für die f_n oder $1/f_n$ lokal-gleichmäßig konvergiert (wobei im zweiten Fall lokal fast alle f_n nullstellenfrei seien); die nach dem Weierstraß'schen Konvergenzsatz 3.3.2 holomorphen Grenzfunktionen brauchen dabei nicht in $\mathcal{F}$ bzw. $1/\mathcal{F}$ zu liegen.

Diese Definition sieht in f_n und $1/f_n$ symmetrischer aus als sie es tatsächlich ist: Ist nämlich $1/f_n \to g \in H(U)$ lokal-gleichmäßig, so gibt es genau zwei einander *ausschlie-ßende* Fälle:

- g ist nullstellenfrei. Dann konvergiert f_n lokal-gleichmäßig gegen $1/g$.
- g besitzt eine Nullstelle. Da alle $1/f_n$ nullstellenfrei sind, muss nach dem Satz von Hurwitz 7.4.4 $g \equiv 0$ gelten. (Hier geht ein, dass U ein Gebiet ist.) Wir sagen dann, dass f_n lokal-gleichmäßig gegen ∞ *divergiert*: $f_n \to \infty$.

Definition 8.0.2

Wir können deshalb (wie in der Literatur verbreitet) *äquivalent* definieren: Es sei U ein Gebiet. Eine Familie $\mathcal{F} \subset H(U)$ heißt *normal* (in U), wenn jede Folge aus $\mathcal{F}$ eine Teilfolge besitzt, die entweder lokal-gleichmäßig konvergiert oder lokal-gleichmäßig gegen ∞ divergiert.

---

[1] In der Literatur werden Funktionsmengen traditionell *Familien* genannt.

© Springer International Publishing AG, CH 2016

F. Bornemann, *Funktionentheorie*, Mathematik Kompakt, DOI 10.1007/978-3-0348-0974-0_8

Es ist klar, dass für $G \subset \mathcal{F}$ und ein Teilgebiet $V \subset U$ aus der Normalität von $\mathcal{F}$ in U diejenige von G in V folgt.

Beispiel

Die Folge $f_n(z) = nz$ ist genau dann normal im Gebiet U, wenn $0 \notin U$. In diesem Fall divergiert f_n nämlich lokal-gleichmäßig gegen ∞. Wegen $f_n(0) = 0$ lässt sich der Punkt $z = 0$ jedoch nicht hinzufügen.

Normalität ist tatsächlich eine *lokale* Eigenschaft:

Satz 8.0.3 *Es sei U ein Gebiet und $\mathcal{F} \subset H(U)$. Wenn $\mathcal{F}$ um jedes $z \in U$ normal ist, so ist $\mathcal{F}$ normal in U. (Die Umkehrung ist offensichtlich.)*

Beweis Nach Voraussetzung gibt es zu jedem $z \in U$ einen offenen Kreis um z, in dem $\mathcal{F}$ normal ist. Ausschöpfung von U durch eine Folge von Kompakta zeigt, dass U durch abzählbar viele solche Kreise überdeckt wird. Für eine gegebene Folge $f_n \in \mathcal{F}$ liefert daher ein Diagonalfolgen-Argument eine Teilfolge $f_{n'}$, so dass jedes $z \in U$ in einer offenen Kreisscheibe liegt, auf der $f_{n'}$ entweder gleichmäßig konvergiert oder gleichmäßig gegen ∞ divergiert. Im ersten Fall gehöre z zur Menge V_1, im zweiten zur Menge V_2. Nach Konstruktion sind beide Mengen offen und bilden die disjunkte Zerlegung $U = V_1 \dot{\cup} V_2$ des Gebiets U. Hieraus folgt wie im Beweis von Satz 3.1.2, dass entweder $U = V_1$ oder $U = V_2$; in beiden Fällen ist $\mathcal{F}$ normal in U. $\qquad \square$

Der Begriff der Normalität lässt sich daher auf beliebige Bereiche $U \subset \mathbb{C}$ ausdehnen: $\mathcal{F} \subset H(U)$ heißt normal in U, wenn $\mathcal{F}$ um jedes $z \in U$ normal ist.

8.1   Sphärische Ableitung

Zentrales Hilfsmittel zur Auswahl lokal-gleichmäßig konvergenter Teilfolgen ist der Satz von Arzelà-Ascoli 3.3, für den wir Lipschitz-Konstanten lokal beschränken müssen. Im Rahmen der Normalität studieren wir zunächst die Familie der $|f|$, um Konvergenz von Divergenz gegen ∞ zu trennen.

Ist f um $[z, w]$ holomorph, so erhalten wir eine solche Lipschitz-Konstante aus der Standardabschätzung (vgl. den Beweis des Satzes von Montel 3.3.3):

$$\Big| |f(w)| - |f(z)| \Big| \leq |f(w) - f(z)| \leq |w - z| \int_0^1 |f'(z + t(w - z))| \, dt.$$

Wenn wir den Abstand zwischen $|f(z)|$ und $|f(w)|$ hingegen derart messen wollen, dass Werte nahe ∞ geeignet „abschwächt" werden, so kann die Rolle von $|f'|$ nach dem folgenden Lemma von der *sphärischen Ableitung*

$$f^{\#}(z) = \frac{|f'(z)|}{1 + |f(z)|^2}$$

übernommen werden. Mit der Invarianz $f^{\#} = (1/f)^{\#}$ spiegelt diese Größe die Symmetrie zwischen f und $1/f$ aus der Definition der Normalität wider.

Lemma 8.1.1 (Hayman [16, S. 159]) *Es sei f um $[z, w]$ holomorph. Dann gilt*

$$\left| \arctan |f(w)| - \arctan |f(z)| \right| \leq |w - z| \int_0^1 f^{\#}(z + t(w - z))\, dt.$$

Beweis Für $f \equiv 0$ ist die Aussage trivial. Nach dem Identitätssatz dürfen wir daher annehmen, dass f auf $[z, w]$ nur endlich viele Nullstellen besitzt.

Schritt 1. Zunächst besitze f auf $[z, w]$ außer allenfalls in z oder w keine Nullstellen. Damit ist $\phi(t) = \arctan |f(z + t(w - z)|$ auf $(0, 1)$ stetig differenzierbar; mit der Abkürzung $\zeta = z + t(w - z)$ ist $f(\zeta) \neq 0$ und[2]

$$\phi'(t) = \frac{\mathrm{Re}\left((w - z) f'(\zeta) \overline{f(\zeta)} / |f(\zeta)| \right)}{1 + |f(\zeta)|^2}$$

und daher $|\phi'(t)| \leq |w - z| f^{\#}(\zeta)$. Integration liefert zunächst für $\varepsilon > 0$

$$|\phi(1 - \varepsilon) - \phi(\varepsilon)| \leq \int_{\varepsilon}^{1-\varepsilon} |\phi'(t)|\, dt \leq |w - z| \int_{\varepsilon}^{1-\varepsilon} f^{\#}(z + t(w - z))\, dt,$$

woraus schließlich durch Grenzübergang $\varepsilon \to 0$ die Behauptung folgt.

Schritt 2. Im allgemeinen Fall besitze f auf $[w, z]$ Nullstellen allenfalls in $z_j = z + t_j(w - z)$ mit $0 = t_0 < t_1 < \cdots < t_{n-1} < t_n = 1$. Schritt 1 liefert

$$|\phi(t_{j+1}) - \phi(t_j)| \leq |w - z| \int_{t_j}^{t_{j+1}} f^{\#}(z + t(w - z))\, dt \qquad (j = 0, \ldots, n - 1);$$

Summation und Dreiecksungleichung zeigen dann die Behauptung. $\square$

Aus Lemma 8.1.1 erhalten wir ein Kriterium für Normalität, das ähnlich wie der Satz von Montel 3.3.3 lokale Beschränktheit ins Spiel bringt:

---

[2] Nach Aufgabe 18 in Kap. 1 ist $\frac{d}{dt}|f(\zeta)| = \partial|f|\frac{\partial\zeta}{\partial t} + \overline{\partial}|f|\frac{\partial\bar{\zeta}}{\partial t} = 2\,\mathrm{Re}(\partial|f|\frac{\partial\zeta}{\partial t}) = \mathrm{Re}((w-z)f'\bar{f}/|f|)$.

Satz 8.1.2 (Marty) *Eine Familie $\mathcal{F} \subset H(U)$ ist genau dann normal um $z_0 \in U$, wenn $\mathcal{F}^\# = \{f^\# : f \in \mathcal{F}\}$ um z_0 beschränkt ist.*

Beweis Schritt 1. Es sei $\mathcal{F}^\#$ um z_0 unbeschränkt. Dann gibt es $z_n \in U$, $f_n \in \mathcal{F}$ mit $z_n \to z_0$ und $f_n^\#(z_n) \to \infty$. Wäre $\mathcal{F}$ normal um z_0, so gäbe es – ggf. nach Übergang zu einer Teilfolge – ein um z_0 holomorphes g, gegen das f_n oder $1/f_n$ um z_0 gleichmäßig konvergieren. Mit $f_n^\# = (1/f_n)^\#$ gilt nach dem Weierstraß'schen Konvergenzsatz 3.3.2 dann in jedem Fall $f_n^\#(z_n) \to g^\#(z_0)$; ein Widerspruch zur Konstruktion von z_n und f_n.

Schritt 2. Es sei $\mathcal{F}^\#$ um z_0 beschränkt. Zu einer gegebenen Folge $f_n \in \mathcal{F}$ gibt es dann $r > 0$, $M > 0$ mit

$$f_n^\#(z) \leq M \qquad (z \in B_r(z_0)).$$

Nach dem Lemma von Hayman 8.1.1 ist daher die durch $\pi/2$ beschränkte Folge $g_n = \arctan |f_n|$ auf $B_r(z_0)$ gleichmäßig Lipschitz-stetig mit Lipschitzkonstante M. Nach dem Satz von Arzelà-Ascoli 3.3 gibt es – ggf. nach Verkleinerung von r – eine auf $B_r(z_0)$ gleichmäßig konvergente Teilfolge $g_{n'}$. Wir betrachten zwei Fälle in Abhängigkeit von $\theta = \lim_{n' \to \infty} g_{n'}(z_0) \geq 0$:

- $\theta < \pi/2$: Hier ist – ggf. nach Verkleinerung von r – die Folge $f_{n'}$ auf $B_r(z_0)$ beschränkt und besitzt dort nach dem Satz von Montel 3.3.3 eine gleichmäßig konvergente Teilfolge $f_{n''}$.
- $\theta = \pi/2$: Wegen

$$\arctan |1/f_{n'}(z_0)| = \pi/2 - \arctan |f_{n'}(z_0)| \to 0.$$

können wir jetzt für die Folge $1/f_{n'}$ wie im ersten Fall argumentieren und erhalten – ggf. nach Verkleinerung von r – eine auf $B_r(z_0)$ gleichmäßig konvergente Teilfolge $1/f_{n''}$.

In beiden Fällen ist die Folge f_n (und daher auch $\mathcal{F}$) normal um z_0. $\qquad\square$

Beispiel
Die Folge $f_n(z) = nz$ erfüllt für $n \to \infty$

$$f_n^\#(z) = \frac{n}{1 + n^2|z|^2} \to \begin{cases} 0, & z \neq 0, \\ \infty, & z = 0, \end{cases}$$

und ist daher genau um $z \neq 0$ normal: Um diese Punkte divergiert sie lokal-gleichmäßig gegen ∞. Die Folge $f_n(z) = z^n$ erfüllt für $n \to \infty$

$$f_n^\#(z) = \frac{n|z|^{n-1}}{1 + |z|^{2n}} \to \begin{cases} 0, & |z| \neq 1, \\ \infty, & |z| = 1, \end{cases}$$

und ist genau um $|z| \neq 1$ normal: Sie divergiert für $|z| > 1$ lokal-gleichmäßig gegen ∞ und konvergiert für $|z| < 1$ lokal-gleichmäßig gegen 0.

8.2 Reskalierung

Der Satz von Marty 8.1.2 liefert zwar eine vollständige Charakterisierung der Normalität einer Familie $\mathcal{F}$, ist aber in Praxis oft nahezu nutzlos: Die lokale Beschränktheit von $\mathcal{F}^{\#}$ lässt sich nämlich nur sehr schwer nachweisen, wenn $\mathcal{F}$ nicht bereits offensichtlich normal ist. So erhalten wir für f aus

$$\mathcal{F} = \{f \in H(U) : |f'| \leq \exp|f|\}$$

nur die Abschätzung $f^{\#}(z) \leq \exp|f(z)|/(1+|f(z)|^2)$, die zunächst keine Aussage über irgendeine lokale Beschränktheit von $\mathcal{F}^{\#}$ erlaubt.

Lawrence Zalcman fand 1975 (im Todesjahr von Paul Montel) eine sehr viel feinere, aber immer noch elementare Charakterisierung von Normalität: Der springende Punkt seines Reskalierungslemmas ist im Fall einer *nicht* normalen Familie die *Existenz* (und nicht etwa die Nichtexistenz) einer geeigneten Grenzfunktion; dabei wird gleichsam die Umgebung eines Punkts „mikroskopiert", um den die Familie nicht normal ist. Dieser unerwartete Twist hat die Theorie normaler Familien stark vereinfacht und viele Anwendungen gefunden.

Satz 8.2.1 (Reskalierungslemma) *Eine Familie $\mathcal{F} \subset H(U)$ ist genau dann nicht normal um $z_0 \in U$, wenn es Folgen $z_n \in U$, $\rho_n > 0$, $f_n \in \mathcal{F}$ und eine nichtkonstante ganze Funktion g gibt, so dass*

$$z_n \to z_0, \quad \rho_n \to 0, \quad g_n(z) = f_n(z_n + \rho_n z) \to g(z) \text{ lokal-gleichmäßig auf } \mathbb{C}.$$

Eine derartige Reskalierung lässt sich dabei so wählen, dass $g^{\#}(z) \leq g^{\#}(0) = 1$.

▶ **Bemerkung 8.2.2** Ein $g \in H(\mathbb{C})$ mit auf $\mathbb{C}$ beschränktem $g^{\#}$ heißt *Yosida-Funktion*.

Beweis Beachte zunächst, dass wegen $z_n \to z_0$ und $\rho_n \to 0$ jede kompakte Menge $K \subset\subset \mathbb{C}$ für hinreichend große n im Definitionsbereich von $g_n(z)$ zu finden ist. Damit ergibt die lokal-gleichmäßige Konvergenz von g_n gegen eine *ganze* Funktion g ihren Sinn.

Schritt 1. Es bestehe die angegebene Möglichkeit einer Reskalierung, so dass $z_n \to z_0$, $\rho_n \to 0$ und $g_n(z) = f_n(z_n + \rho_n z)$ lokal-gleichmäßig gegen eine nichtkonstante ganze Funktion g konvergiere. Da g nichtkonstant ist, gibt es ein $z' \in \mathbb{C}$ mit $g^{\#}(z') \neq 0$. Für dieses z' gilt dann

$$\rho_n f_n^{\#}(z_n + \rho_n z') = g_n^{\#}(z') \to g^{\#}(z') \neq 0,$$

so dass $f_n^{\#}(z_n') \to \infty$ für $z_n' = z_n + \rho_n z' \to z_0$. Nach dem Satz von Marty ist $\mathcal{F}$ daher nicht normal um z_0.

Schritt 2. Es sei $\mathcal{F}$ nicht normal um $z_0 \in U$. Nach dem Satz von Marty gibt es daher $z_n' \in U$ und $f_n \in \mathcal{F}$ mit $z_n' \to z_0$ und $f_n^{\#}(z_n') \to \infty$. Um Schreibarbeit zu sparen, sei ohne Einschränkung $z_0 = 0$. Für hinreichend große n gilt $B_{r_n}(0) \subset U$ mit

$$r_n = |z_n'| + f_n^{\#}(z_n')^{-1/2} \to 0$$

und es ist

$$M_n = \max_{|z| \leq r_n} f_n^{\#}(z)(r_n - |z|) \geq f_n^{\#}(z_n')(r_n - |z_n'|) = f_n^{\#}(z_n')^{1/2} \to \infty,$$

wobei das Maximum in einem z_n mit $|z_n| \leq r_n$ angenommen wird, so dass auch $z_n \to z_0 = 0$. Mit der Wahl

$$\rho_n = \frac{1}{f_n^{\#}(z_n)} = \frac{r_n - |z_n|}{M_n} \to 0$$

folgt aus $|z| < M_n$, dass $|z_n + \rho_n z| < r_n$ und daher $g_n(z) = f_n(z_n + \rho_n z)$ wohldefiniert ist. Wählen wir $R > 0$ fest und betrachten $|z| \leq R$, so gilt für hinreichend große n, dass $R < M_n$ und

$$g_n^{\#}(z) = \rho_n f_n^{\#}(z_n + \rho_n z) \leq \frac{\rho_n M_n}{r_n - |z_n + \rho_n z|} \leq \frac{r_n - |z_n|}{r_n - |z_n| - \rho_n|z|} \leq \frac{1}{1 - \frac{R}{M_n}}.$$

Da diese Schranke für $n \to \infty$ gegen 1 geht, ist $(g_n^{\#})$ auf $|z| < R$ beschränkt und (g_n) nach dem Satz von Marty dort normal. Indem wir ggf. zu einer Teilfolge übergehen, konvergiert g_n also lokal-gleichmäßig auf $|z| < R$ gegen eine holomorphe Funktion g. Mit einem Diagonalfolgen-Argument können wir für $R \to \infty$ die Teilfolgen tatsächlich so wählen, dass g_n lokal-gleichmäßig auf $\mathbb{C}$ gegen $g \in H(\mathbb{C})$ konvergiert. Dabei gilt

$$g^{\#}(z) = \lim_{m \to \infty} g_m^{\#}(z) \leq \lim_{m \to \infty} \frac{1}{1 - |z|/M_m} = 1 = \rho_n f_n^{\#}(z_n) = g_n^{\#}(0) = g^{\#}(0),$$

so dass g nichtkonstant und der Zusatz $g^{\#}(z) \leq g^{\#}(0) = 1$ richtig ist. $\square$

Beispiel

Wir greifen zunächst die bisherigen Beispiele des Kapitels auf.

(a) Es sei $f \in H(\mathbb{C})$ nichtkonstant. Dann ist die Folge $f(nz)$ nicht normal um $z_0 = 0$: Die Reskalierung $z_n = 0$, $\rho_n = 1/n$ liefert nämlich

$$f(n(z_n + \rho_n z)) = f(z).$$

Das Reskalierungslemma zeigt darüber hinaus, dass es $z_n \in \mathbb{C}$, $\rho_n > 0$ und eine nichtkonstante *Yosida-Funktion* $g \in H(\mathbb{C})$ gibt mit

$$z_n \to 0, \quad \rho_n \to 0, \quad f(n(z_n + \rho_n z)) \to g(z) \text{ lokal-gleichmäßig auf } \mathbb{C}.$$

Diese Verschärfung wird im nächsten Abschnitt eine Rolle spielen.

(b) Die Folge $f_n(z) = z^n$ ist nicht normal um $z_0 = 1$: Mit der Resaklierung $z_n = 1$ und $\rho_n = 1/n$ gilt nämlich lokal-gleichmäßig auf $\mathbb{C}$

$$f_n(z_n + \rho_n z) = \left(1 + \frac{z}{n}\right)^n \to e^z.$$

Jetzt können wir aber auch die Frage vom Beginn dieses Abschnitts klären.

(c) Die Familie $\mathcal{F} = \{f \in H(U) : |f'| \le e^{|f|}\}$ ist normal in U. Anderenfalls gäbe es nämlich $z_n \in U$, $\rho_n > 0$, $f_n \in \mathcal{F}$ und eine nichtkonstante ganze Funktion g mit $\rho_n \to 0$ und

$$g_n(z) = f_n(z_n + \rho_n z) \to g(z) \quad \text{lokal-gleichmäßig auf } \mathbb{C}.$$

Da g nichtkonstant ist, gibt es ein z' mit $g^\#(z') \ne 0$. Damit gilt zum einen

$$g_n^\#(z') \to g^\#(z') \ne 0,$$

zum anderen wegen $f_n \in \mathcal{F}$ aber auch

$$f_n^\#(z_n + \rho_n z') \le \frac{e^{|g_n(z')|}}{1 + |g_n(z')|^2} \to \frac{e^{|g(z')|}}{1 + |g(z')|^2},$$

also $g_n^\#(z') = \rho_n f_n^\#(z_n + \rho_n z') \to 0$; ein Widerspruch.

Eine nützliche Verschärfung des Satzes von Marty Mit dem Reskalierungslemma lässt sich der Satz von Marty 8.1.2 verschärfen:

Satz 8.2.3 (Schwick) *Zu $\mathcal{F} \subset H(U)$ und $z_0 \in U$ gebe es einen Bereich $W \subset\subset \mathbb{C}$ und eine endliche Schranke M, so dass für jedes z aus einer Umgebung von z_0*

$$f(z) \in W \Rightarrow f^\#(z) \le M \qquad (f \in \mathcal{F}).$$

Dann ist $\mathcal{F}$ normal um z_0.

Beweis Nehmen wir an, $\mathcal{F}$ wäre nicht normal um z_0. Dann gäbe es nach dem Reskalierungslemma $U \ni z_n \to z_0$, $0 < \rho_n \to 0$, $f_n \in \mathcal{F}$ und ein nichtkonstantes $g \in H(\mathbb{C})$, so dass

$$g_n(z) = f_n(z_n + \rho_n z) \to g(z) \quad \text{lokal-gleichmäßig auf } \mathbb{C}.$$

Zu $z' \in \mathbb{C}$ mit $g(z') \in W$ findet sich nach dem Satz von Hurwitz 7.4.4 eine Folge $z_n' \to z'$ mit $f_n(z_n + \rho_n z_n') = g_n(z_n') = g(z')$ für hinreichend großes n, so dass nach Voraussetzung schließlich $f_n^\#(z_n + \rho_n z_n') \le M$ und daher

$$0 \le g^\#(z') = \lim_{n\to\infty} g_n^\#(z_n') = \lim_{n\to\infty} \rho_n f_n^\#(z_n + \rho_n z_n') \le \lim_{n\to\infty} \rho_n M = 0.$$

Wir erhalten so die Implikation $g(z') \in W \Rightarrow g'(z') = 0$. Aus dem Satz von Casorati-Weierstraß 3.5.3 (für transzendentes g) oder dem Fundamentalsatz der Algebra (für polynomielles g) folgt nun, dass es ein z' mit $g(z') \in W$ und daher wegen der Stetigkeit von g auch ein $r > 0$ mit $g(B_r(z')) \subset W$ gibt. Nach der Implikation muss g' auf $B_r(z')$ verschwinden, so dass der Identitätssatz $g' \equiv 0$ liefert und g im Widerspruch zur Konstruktion konstant ist.   □

▶ **Bemerkung 8.2.4** Für ein holomorphes g heißt w *vollständig verzweigter Wert*, falls

$$g(z) = w \Rightarrow g'(z) = 0.$$

Nach einem tiefliegenden Satz[3] von Rolf Nevanlinna besitzt jede nichtkonstante ganze Funktion höchstens zwei vollständig verzweigte Werte. Die Verschärfung des Satzes von Marty bleibt deshalb auch dann noch richtig, wenn der Bereich W durch eine beliebige Menge mit wenigstens drei Punkten ersetzt wird [38, S. 219]. Entsprechend kann das Kriterium des nachfolgenden Korollars auf einpunktige Mengen $I = \{\eta\} \subset (0, \infty)$ beschränkt werden.

Punkt (c) im Beispiel in Abschn. 8.2 lässt sich nun deutlich verallgemeinern:

Korollar 8.2.5 *Zu $\mathcal{F} \subset H(U)$ und $z_0 \in U$ gebe es ein offenes Intervall $I \subset (0, \infty)$ und eine endliche Schranke M, so dass für jedes z aus einer Umgebung von z_0*

$$|f(z)| \in I \Rightarrow |f'(z)| \leq M \qquad (f \in \mathcal{F}).$$

Dann ist $\mathcal{F}$ normal um z_0.

Beweis Mit $W = \{w \in \mathbb{C} : |w| \in I\}$ gilt für z aus einer Umgebung von z_0

$$f(z) \in W \Rightarrow |f(z)| \in I \Rightarrow f^{\#}(z) \leq |f'(z)| \leq M \qquad (f \in \mathcal{F}).$$

Der Satz von Schwick liefert, dass $\mathcal{F}$ um z_0 normal ist.   □

8.3 Fundamentalkriterium

Ihre volle Pracht entwickelt die Theorie normaler Familien zwar erst für *meromorphe* Funktionen (ich verweise hierfür auf das Buch [31]), sie enthält aber bereits für holomorphe Funktionen einzigartige Perlen, von denen wir in den folgenden Abschnitten einige aufsammeln.

[3] Walter Bergweiler [8] hat ihn 1998 besonders kurz mittels Reskalierungslemma bewiesen.

Das wohl berühmteste Normalitätskriterium wurde 1912 von Montel gefunden; wir sagen dabei, dass eine Funktion $f \in H(U)$ die Werte in der Menge $W \subset \mathbb{C}$ auslässt, wenn $f(U) \cap W = \emptyset$ gilt:

Satz 8.3.1 (Montel'sches Fundamentalkriterium) *Die Familie $\mathcal{F} \subset H(U)$ bestehe aus Funktionen, welche zwei feste Werte $w_1, w_2 \in \mathbb{C}$ auslassen. Dann ist $\mathcal{F}$ normal in U.*

Im Lichte des Reskalierungslemmas gibt es eine hierzu *äquivalente* (im Sinne gleicher Beweistiefe) Aussage über ganze Funktionen:

Satz 8.3.2 (Kleiner Satz von Picard) $f \in H(\mathbb{C})$ *lasse zwei Werte $w_1, w_2 \in \mathbb{C}$ aus. Dann ist f konstant.*

Wir beweisen erst die Äquivalenz und dann das Fundamentalkriterium.

Beweis der Äquivalenz Der Beweis mit Hilfe des Reskalierungslemmas (Satz 8.2.1) folgt einem Muster, das wir im nächsten Abschnitt zum *Bloch'schen Prinzip* ausbauen werden:

Fundamentalkriterium $\Rightarrow$ Picard $f \in H(\mathbb{C})$ lasse beide Werte w_1, w_2 aus, sei aber nichtkonstant. Nach Punkt (a) im Beispiel in Abschn. 8.2 ist die Folge $f(nz)$ um $z_0 = 0$ nicht normal und lässt im Widerspruch zum Fundamentalkriterium ebenfalls beide Werte w_1, w_2 aus.

Picard $\Rightarrow$ Fundamentalkriterium $\mathcal{F} \subset H(U)$ lasse beide Werte w_1, w_2 aus, sei aber nicht normal um $z_0 \in U$. Dann gibt es nach dem Reskalierungslemma $U \ni z_n \to z_0$, $0 < \rho_n \to 0$, $f_n \in \mathcal{F}$ und ein *nichtkonstantes* $g \in H(\mathbb{C})$, so dass

$$g_n(z) = f_n(z_n + \rho_n z) \to g(z) \quad \text{lokal-gleichmäßig auf } \mathbb{C}.$$

Nach dem Satz von Hurwitz 7.4.4 lässt g im Widerspruch zum Satz von Picard nun ebenfalls beide Werte w_1, w_2 aus. $\square$

Beweis des Fundamentalkriteriums Nach Komposition mit einem festen $T \in \operatorname{Aut}\mathbb{C}$ können wir annehmen, dass jedes $f \in \mathcal{F}$ die Werte $w_1 = 0$ und $w_2 = 1$ auslässt (vgl. Aufgabe 36 in Kap. 7). Es sei $\mathcal{F}$ nicht normal um $z_0 \in U$. Unter Beschränkung auf eine Kreisscheibe um z_0 dürfen wir U als einfach zusammenhängend voraussetzen.

Wir bezeichnen mit $\mathcal{F}_n$ die Familie der Funktionen aus $H(U)$, welche den Wert 0 und alle n-ten Einheitswurzeln von 1 auslassen. Damit ist $\mathcal{F} \subset \mathcal{F}_1$ und für $f \in \mathcal{F}_1$

gilt $\sqrt[n]{f} \in \mathcal{F}_n$ (da f nach Voraussetzung nullstellenfrei ist, gibt es wegen des einfachen Zusammenhangs von U eine holomorphe n-te Wurzel von f) sowie $h^n \in \mathcal{F}_1$ für $h \in \mathcal{F}_n$. Also ist auch jede der Familien $\mathcal{F}_n$ nicht normal um z_0 und es gibt nach dem Reskalierungslemma (Satz 8.2.1) für jedes n eine *nichtkonstante* ganze Funktion g_n als lokal-gleichmäßigen Grenzwert von Funktionen, welche die Werte in

$$S_n = \{0, e^{2\pi i k/n} : k = 0, 1, \ldots, n - 1\}$$

auslassen. Nach dem Satz von Hurwitz 7.4.4 lässt auch g_n diese Werte aus. Zudem kann der Grenzprozess so gewählt werden, dass $g_n^{\#}(z) \leq g_n^{\#}(0) = 1$.

Wir setzen zur Abkürzung $T_n = S_{2^n}$, $G_n = g_{2^n}$. Wegen $G_n^{\#}(z) \leq 1$ ist (G_n) nach dem Satz von Marty 8.1.2 normal, so dass eine Teilfolge lokal-gleichmäßig gegen ein $G \in H(\mathbb{C})$ konvergiert; die Möglichkeit der lokal-gleichmäßigen Divergenz gegen ∞ ist aufgrund von $(1/G_n)^{\#}(0) = G_n^{\#}(0) = 1$ nämlich ausgeschlossen. Mit $G^{\#}(0) = \lim_{n\to\infty} G_n^{\#}(0) = 1$ ist G *nichtkonstant*. Aus der Schachtelung

$$T_n \subset T_m \qquad (m \geq n)$$

folgt, dass G_m für $m \geq n$ die Werte in T_n auslässt. Nach dem Satz von Hurwitz lässt G daher alle Werte in $\cup_n T_n$ aus, einer *dichten* Teilmenge der Kreislinie S^1. Gebietstreue erzwingt nun $G(\mathbb{C}) \subset \mathbb{E}$ oder $G(\mathbb{C}) \subset \mathbb{C} \setminus \overline{\mathbb{E}}$. Im ersten Fall ist G beschränkt, im zweiten $1/G$; in beiden Fällen wäre G nach dem Satz von Liouville (Korollar 3.2.2) im Widerspruch zur Konstruktion konstant.   □

Alternativer Beweis des kleinen Satzes von Picard In Abschn. 7.3 wurde der kleine Satz von Picard im Spezialfall ganzer Funktionen *endlicher Ordnung* bewiesen. Bestand lange die Ansicht, man könne von dort nicht direkt zum allgemeinen Fall gelangen, so weiß man heute, dass dies tatsächlich sogar recht einfach geht. James Clunie und Walter Hayman hatten nämlich 1965 gezeigt, dass ganze Yosida-Funktionen (wie sie vom Reskalierungslemma erzeugt werden) vom *exponentiellen Typ* sind.[4] Damit lässt sich der allgemeine Fall dann wie folgt beweisen:

Die ganze Funktion f lasse zwei Werte w_1, w_2 aus, sei aber nichtkonstant. Nach Punkt (a) im Beispiel in Abschn. 8.2 konvergiert eine geeignete Reskalierung der Form $g_n(z) = f(n(z_n + \rho_n z))$ lokal-gleichmäßig gegen eine *nichtkonstante* Yosida-Funktion g. Nach dem Satz von Hurwitz lässt auch g beide Werte w_1, w_2, aus und müsste daher aber, als Funktion vom exponentiellen Typ, nach dem kleinen Satz von Picard für Funktionen endlicher Ordnung im Widerspruch zur Konstruktion *konstant* sein.   □

Anwendung: Fixpunkte höherer Ordnung von ganzen Funktionen Es gibt fixpunktfreie ganze Funktionen, so etwa $f(z) = z + e^z$. Es gilt aber:

---

[4] David Minda [24] bewies für Yosida-Funktionen f die explizite Abschätzung

$$|f(z)| \leq \max\{1, |f(0)|\} \exp\left(2\|f^{\#}\|_{\mathbb{C}} |z|\right) \qquad (z \in \mathbb{C}).$$

Korollar 8.3.3 (Rosenbloom) *Es sei f eine ganze Funktion, die keine echte Translation ist. Dann besitzt $f \circ f$ einen Fixpunkt.*

Beweis Es sei $f \circ f$ (und damit auch f) fixpunktfrei. Dann ist

$$g(z) = \frac{f(f(z)) - z}{f(z) - z}$$

eine ganze Funktion, welche die Werte 0 und 1 auslässt. Nach dem kleinen Satz von Picard gibt es also eine Konstante $c \neq 0, 1$ mit

$$f(f(z)) - z = c(f(z) - z), \quad \text{d.h.} \quad f'(z)(f'(f(z)) - c) = 1 - c.$$

Wegen $c \neq 1$ ist somit f' nullstellenfrei und $f' \circ f$ lässt den Wert c aus. Also lässt $f' \circ f$ die Werte 0 und $c \neq 0$ aus und ist nach Picard konstant. Da f als fixpunktfreie Funktion nichtkonstant ist und daher ein in $\mathbb{C}$ dichtes Bild hat, muss mit $f' \circ f$ auch f' konstant sein. Folglich ist $f(z) = az + b$; ein solches lineares f ist aber nur für $a = 1$ und $b \neq 0$ fixpunktfrei (f wäre dann echte Translation). □

Irvine Baker konnte dieses Ergebnis mit Hilfe der Nevanlinna'schen Wertverteilungstheorie stark verallgemeinern (siehe [16, S. 50–53]):

Eine nichtlineare ganze Funktion f besitzt für alle $n \in \mathbb{N}$ mit höchstens einer Ausnahme[5] periodische Punkte der Periodenlänge n (im transzendenten Fall sogar jeweils unendlich viele).

Dabei heißt ein Fixpunkt $z_0 \in \mathbb{C}$ der n-ten Iterierten

$$f^{[n]} = \underbrace{f \circ \cdots \circ f}_{n\text{-fach}}$$

periodischer Punkt (oder *Fixpunkt der Ordnung n*) von $f \in H(\mathbb{C})$; das kleinste solche n ist die *Periodenlänge* (oder *genaue Ordnung*) von z_0.

▶ **Bemerkung 8.3.4** Da $f(z) = z_0 + a(z - z_0)$ und $f^{[n]}(z) = z_0 + a^n(z - z_0)$ äquivalent sind, können lineare Funktionen nur periodische Punkte der Periodenlänge 1 besitzen.

Ausblick: Dynamik ganzer Funktionen Mit den periodischen Punkten haben wir soeben das spannende Gebiet der komplexen Dynamik betreten, das traditionell sehr enge

---

[5] Im transzendenten Fall ist $n = 1$ die einzige mögliche Ausnahme (Bergweiler 1991 [7]).

Beziehungen zur Theorie normaler Familien besitzt. In der Dynamik ganzer Funktionen
werden Rekursionen der Form

$$z_{n+1} = f(z_n) \qquad (n = 0, 1, 2, \ldots)$$

betrachtet; die Abbildung $z_0 \mapsto z_n$ ist gerade die n-te Iterierte $f^{[n]}$ von f.
   Die globale Struktur der Dynamik wird durch die *Julia-Menge* von f,

$$J_f = \{z \in \mathbb{C} : \text{die Folge } f^{[n]} \text{ ist um } z \text{ nicht normal}\},$$

beschrieben (J_f ist abgeschlossen, da ihr Komplement, die *Fatou-Menge* von f, nach
Definition die größte offene Menge ist, in der die Folge $f^{[n]}$ normal ist):

- Für $z_0 \notin J_f$ ist die Dynamik nach Definition *strukturstabil*: Es gibt eine Umgebung U
  von z_0, so dass sich jede Teilfolge n' zu einer weiteren Teilfolge n'' ausdünnen lässt,
  für die $f^{[n'']}$ entweder gleichmäßig gegen ein $g \in H(U)$ konvergiert oder gleichmäßig
  gegen ∞ divergiert.
- Für $z_0 \in J_f$ gibt es in keiner Umgebung von z_0 eine derartige Grenzstruktur, die Dynamik ist dann um z_0 *strukturell instabil*.

Die Bestimmung der Julia-Menge kann für konkrete transzendente Funktionen extrem
schwer sein: So vermutete Fatou 1926, dass $J_f = \mathbb{C}$ für $f(z) = e^z$; diese Vermutung
wurde aber erst 1981 von Michał Misiurewicz bewiesen.
   Ursache strukturell instabiler Dynamik sind abstoßende Zyklen von f; es gilt nämlich
folgender 1968 von Baker bewiesene Satz:[6]

   J_f ist der Abschluss der Menge der abstoßenden periodischen Punkte von f.

Dabei heißt ein periodischer Punkt z_0 der Periodenlänge n *abstoßend*, wenn

$$|(f^{[n]})'(z_0)| > 1.$$

Baker hatte den Satz mit der Ahlfors'schen Theorie der Überlagerungsflächen bewiesen;
30 Jahre später wurden einige elementare Beweise gefunden, die alle auf dem Reskalierungslemma aufbauen (siehe [22, S. 67–69]).

---

[6] Gaston Julia und Pierre Fatou hatten 1917 unabhängig voneinander den entsprechenden Satz für
rationale Funktionen bewiesen. Julia erhielt für seine Arbeit den 1915 zur Frage globaler Dynamik
ausgelobten *Großen Preis* der Pariser Akademie der Wissenschaften (Fatou hatte am Wettbewerb
nicht teilgenommen). Die spannende Geschichte dieses Preises, des Resultats und seiner Protago-
nisten vor dem Hintergrund des Ersten Weltkriegs wird in dem sehr lesenswerten Buch [4] erzählt.

8.4   Bloch'sches Prinzip

Wenn wir im Beweis der Äquivalenz von Fundamentalkriterium und kleinem Satz von Picard die Eigenschaft „*lässt zwei feste Werte* $w_1, w_2 \in \mathbb{C}$ *aus*" durch „*ist durch M beschränkt*" ersetzen, so erhalten wir ansonsten völlig wortgleich die Äquivalenz folgender uns bereits bekannter Sätze:[7]

- *Satz von Montel:* Jede Funktion in $\mathcal{F} \subset H(U)$ sei durch M beschränkt. Dann ist $\mathcal{F}$ normal in U.
- *Satz von Liouville:* $f \in H(\mathbb{C})$ sei durch M beschränkt. Dann ist f konstant.

Solche Äquivalenzen sind Beispiele eines Prinzips, dem André Bloch 1926 eine äußerst kryptische Formulierung gab:

> *Nihil est in infinito quod non prius fuerit in finito. (Lat.: Nichts ist in der unendlichen [Ebene], das nicht bereits in der endlichen [Kreisscheibe] wäre.)*

Die moderne Interpretation besagt, dass Normalitätskriterien oft in Paaren *äquivalenter* Aussagen folgender Struktur auftreten (dabei ist (N_U) das Bloch'sche „in finito" und (K) das „in infinito"):

(N_U) $\mathcal{F} = \{f \in H(U) : f$ hat Eigenschaft $\mathcal{P}\}$ ist normal im Gebiet U.
(K) $f \in H(\mathbb{C})$ habe Eigenschaft $\mathcal{P}$. Dann ist f konstant.

Zalcman hat das Reskalierungslemma (Satz 8.2.1) 1975 genau zu dem Zweck entwickelt, eine *allgemeine* Klasse von Eigenschaften $\mathcal{P}$ zu finden, für die das Bloch'sche Prinzip $(N_U) \Leftrightarrow$ (K) gültig ist.

Um jene Gebiete U, auf denen ein holomorphes f die Eigenschaft $\mathcal{P}$ besitzt, explizit zu kennzeichnen, schreiben wir kurz $\langle f, U \rangle \in \mathcal{P}$. Drei Bedingungen an eine Eigenschaft $\mathcal{P}$ spielen im folgenden eine Rolle:[8]

(P1) Für $\langle f, U \rangle \in \mathcal{P}$ und $U' \subset U$ gilt $\langle f, U' \rangle \in \mathcal{P}$.
(P2) Für $\langle f, U \rangle \in \mathcal{P}$ und $T \in \operatorname{Aut} \mathbb{C}$ gilt $\langle f \circ T, T^{-1}(U) \rangle \in \mathcal{P}$.
(P3) Für $\langle f_n, U_n \rangle \in \mathcal{P}$ mit

$$U_1 \subset U_2 \subset U_3 \subset \cdots, \qquad \bigcup_{n=1}^{\infty} U_n = \mathbb{C},$$

und $f_n \to f$ lokal-gleichmäßig auf $\mathbb{C}$ mit f *nichtkonstant*, gilt $\langle f, \mathbb{C} \rangle \in \mathcal{P}$.

---

[7] Wobei Beschränktheit durch M das Auslassen der *unendlich* vielen Werte w mit $|w| > M$ bedeutet: Das Fundamentalkriterium und der kleine Satz von Picard sind also sehr starke Verallgemeinerungen der Sätze von Montel und Liouville.
[8] Im Unterschied zu Zalcman betrachten wir *keine* konstanten Grenzfunktionen f in (P3). Dies ändert zwar nichts an der Substanz des Satzes von Zalcman 8.4.1, vereinfacht aber den Umgang mit $\mathcal{P}$: Statt für „f hat die interessierende Eigenschaft" müsste $\langle f, U \rangle \in \mathcal{P}$ sonst häufig für „f hat die interessierende Eigenschaft *oder ist konstant*" stehen.

Die Bedingungen (P1) und (P2) sind meist offensichtlich erfüllt, der Nachweis von (P3) gelingt häufig (wie im Beweis des kleinen Satzes von Picard) mit dem Satz von Hurwitz 7.4.4.

Satz 8.4.1 (Zalcman) *Es sei $U \subset \mathbb{C}$ ein Gebiet. Gelten (P1), (P2) und (P3), so ist*

$$(K) \Rightarrow (N_U).$$

Für die Umkehrung $(N_U) \Rightarrow (K)$ reichen hingegen bereits (P1) und (P2).

Beweis Schritt 1. Es gelte (K) sowie (P1)–(P3). Es sei (N_U) falsch, d.h.

$$\mathcal{F} = \{f \in H(U) : f \text{ hat Eigenschaft } \mathcal{P}\}$$

sei nicht normal um ein $z_0 \in U$. Das Reskalierungslemma liefert dann $U \ni z_n \to z_0$, $0 < \rho_n \to 0$, $f_n \in \mathcal{F}$ und ein nichtkonstantes $g \in H(\mathbb{C})$ mit

$$g_n(z) = f_n(z_n + \rho_n z) \to g(z) \quad \text{lokal-gleichmäßig auf } \mathbb{C}.$$

Die g_n sind dabei (siehe Satz 8.2.1) auf $U_n = B_{M_n}(z_0)$ für eine (ohne Einschränkung monotone) Folge $M_n \to \infty$ definiert. Wegen (P1) und (P2) gilt daher $\langle g_n, U_n \rangle \in \mathcal{P}$ und wegen (P3) dann auch $\langle g, \mathbb{C} \rangle \in \mathcal{P}$. Aus (K) folgt, dass g im Widerspruch zur Konstruktion konstant ist.

Schritt 2. Es gelte (N_U) sowie (P1) und (P2). Es sei (K) falsch, d.h. es gebe ein nichtkonstantes $f \in H(\mathbb{C})$ mit $\langle f, \mathbb{C} \rangle \in \mathcal{P}$. Für festes $z_0 \in U$ ist die Folge

$$f_n(z) = f(n(z - z_0))$$

dann nach Punkt (a) im Beispiel in Abschn. 8.2 *nicht* normal um z_0. Dies widerspricht nun jedoch (N_U), da $\langle f_n, U \rangle \in \mathcal{P}$ wegen (P1) und (P2). $\qquad \square$

Beispiel
Wir greifen zunächst unsere beiden Ausgangsbeispiele auf.

(a) Für $w_1 \neq w_2$ definieren wir $\langle f, U \rangle \in \mathcal{P}$ als

$$f \text{ nimmt die Werte } w_1 \text{ und } w_2 \text{ in } U \text{ nicht an.}$$

Die Eigenschaft $\mathcal{P}$ erfüllt offensichtlich (P1) und (P2) sowie wegen des Satzes von Hurwitz (P3). Die Aussage (K) ist der kleine Satz von Picard und (N_U) das Fundamentalkriterium.
(b) Für $M > 0$ definieren wir $\langle f, U \rangle \in \mathcal{P}$ als

$$f \text{ ist auf } U \text{ durch } M \text{ beschränkt.}$$

Die Eigenschaft $\mathcal{P}$ erfüllt offensichtlich (P1) und (P2) sowie wegen des Satzes von Hurwitz (P3). Jetzt ist (K) der Satz von Liouville und (N_U) der Satz von Montel.

Als nächstes diskutieren wir Beispiele von Familien *schlichter* Funktionen.

(c) Für $w \in \mathbb{C}$ definieren wir $\langle f, U \rangle \in \mathcal{P}$ als

$$f \text{ ist schlicht auf } U \text{ und nimmt den Wert } w \text{ in } U \text{ nicht an.}$$

Die Eigenschaft $\mathcal{P}$ erfüllt offensichtlich (P1) und (P2) sowie wegen des Satzes von Hurwitz (P3). Da eine auf ganz $\mathbb{C}$ schlichte Funktion nach dem Beispiel 3.5 linear ist und damit *jeden* Wert in $\mathbb{C}$ annimmt, gibt es *kein* f mit $\langle f, \mathbb{C} \rangle \in \mathcal{P}$; also ist (K) ganz trivial erfüllt. Nach dem Satz von Zalcman gilt nun (N_U) für jedes Gebiet U:

Die auf U schlichten Funktionen, die den Wert w dort auslassen, bilden eine normale Familie.

(d) Wir definieren $\langle f, U \rangle \in \mathcal{P}$ als

$$f = g' \text{ für ein auf } U \text{ schlichtes } g.$$

Die Eigenschaft $\mathcal{P}$ erfüllt offensichtlich (P1) und (P2) sowie wegen Satz 2.2.1 und des Satzes von Hurwitz (P3). Da wie in (c) diskutiert eine auf ganz $\mathbb{C}$ schlichte Funktion g linear ist, folgt aus $\langle f, \mathbb{C} \rangle \in \mathcal{P}$, dass $f = g'$ konstant ist; also gilt (K). Nach Zalcmans Satz 8.4.1 gilt nun (N_U) für jedes Gebiet U:

Die Ableitungen der auf einem Gebiet U schlichten Funktionen bilden eine normale Familie.

Diese Aussage ist für andere Ableitungsordnungen falsch: Weder die Familie der auf U schlichten Funktionen selbst[9] noch die Familie ihrer zweiten Ableitungen (siehe Aufgabe 21) ist normal.

8.5   Der große Satz von Picard

Für den Umgang mit *meromorphen* Funktionen vereinbaren wir folgendes:

- Indem wir Polstellen den Wert ∞ zuweisen, fassen wir meromorphe Funktionen als Funktionen mit Werten in der erweiterten komplexen Ebene $\hat{\mathbb{C}} = \mathbb{C} \cup \{\infty\}$ auf (vgl. Abschn. 7.1). Lässt eine meromorphe Funktion den Wert ∞ aus, so besitzt sie keine Pole und ist holomorph.
- Der Punkt $z_0 \in U$ heißt *wesentliche Singularität* von $f \in M(U \setminus \{z_0\})$, falls sich f durch keine Zuordnung $f(z_0) = w \in \hat{\mathbb{C}}$ meromorph in z_0 fortsetzen lässt. Für $f \in H(U \setminus \{z_0\})$ ist dies der aus Abschn. 3.5 vertraute Begriff.
- Eine Menge $U \subset \hat{\mathbb{C}}$ heißt *Umgebung* von ∞, falls $\hat{\mathbb{C}} \setminus \overline{B}_r(0) \subset U$ für hinreichend großes $r > 0$.

---

[9] So ist etwa die Folge $f_n(z) = n(z - z_0)$ nicht normal um $z_0 \in U$.

Zunächst verallgemeinern wir den kleinen Satz von Picard auf meromorphe Funktionen:

Satz 8.5.1 (Kleiner Satz von Picard für meromorphe Funktionen) $f \in M(\mathbb{C})$
lasse drei Werte $w_1, w_2, w_3 \in \hat{\mathbb{C}}$ *aus. Dann ist* f *konstant.*

Beweis Das durch $g(z) = (f(z), w_1, w_2, w_3)$ definierte $g \in M(\mathbb{C})$ lässt die Werte $0, 1, \infty$
aus; g ist also eine ganze Funktion, die zwei Werte in $\mathbb{C}$ auslässt und daher nach dem
kleinen Satz von Picard konstant ist. Wegen der Bijektivität von $w \mapsto (w, w_1, w_2, w_3)$ ist
auch f konstant. $\qquad\qquad\qquad\qquad\qquad\qquad\qquad\qquad\qquad\qquad\qquad\qquad\qquad\quad\square$

Beispiel
Die Gleichung $f^2 + g^2 = 1$ wird von den ganzen Funktionen $f = \cos \circ h$ und $g = \sin \circ h$ mit $h \in$
$H(\mathbb{C})$ gelöst; tatsächlich ist jede ganze Lösung von dieser Form (siehe Aufgabe 35 in Kap. 5). Aber
genau wie beim großen Satz von Fermat endet die nichttriviale Lösbarkeit bei größeren Exponenten:

Ganze Lösungen der Gleichung $f^n + g^n = 1$ ($\mathbb{N} \ni n \geq 3$) *sind konstant.*

Denn mit $f^n + g^n = 1$ besitzen $f, g \in H(\mathbb{C})$ keine gemeinsamen Nullstellen, so dass $h = f/g \in$
$M(\mathbb{C})$ in $z \in \mathbb{C}$ genau dann den Wert $w \in \mathbb{C}$ besitzt, wenn $f(z) = wg(z)$ gilt. Die Faktorisierung

$$1 = f^n + g^n = \prod_{j=1}^{n}(f - w_j g), \qquad w_j = e^{\pi i(2j+1)/n},$$

besagt demnach, dass h die n verschiedenen Werte $w_1, \ldots, w_n$ nicht annimmt. Für $n \geq 3$ ist h nach
dem kleinen Satz von Picard also eine Konstante; aus $f = hg$ folgt $(h^n + 1)g^n = 1$, so dass sowohl
g als auch f konstant sind.

Nichtkonstante meromorphe Lösungen $f, g \in M(\mathbb{C})$ von $f^n + g^n = 1$ müssen für $n \geq 3$
(dieselben) Polstellen besitzen, sonst wären sie nämlich holomorph und daher konstant. Für $n =$
3 lassen sich solche meromorphen Lösungen mit Hilfe elliptischer Funktionen konstruieren [28,
S. 235].

Nun gelangen wir zum krönenden Abschluss des Buchs, den bereits mehrfach ange-
kündigten „großen" Satz von Picard.

Satz 8.5.2 (Großer Satz von Picard) *Es sei* U *eine Umgebung von* $z_0 \in \hat{\mathbb{C}}$ *und* f *eine*
in $U \setminus \{z_0\} \subset \mathbb{C}$ *meromorphe Funktion, welche drei Werte* $w_1, w_2, w_3 \in \hat{\mathbb{C}}$ *auslasse.*
Dann ist z_0 *keine wesentliche Singularität von* f.

Beweis Schritt 1. Nach Anwendung der Möbiustransformation (w, w_1, w_2, w_3) in der
Bildebene sowie nach Translation $z - z_0$ oder Inversion $1/z$ in der Urbildebene dürfen
wir ohne Einschränkung annehmen, dass $w_1 = 0$, $w_2 = 1$, $w_3 = \infty$ und $z_0 = 0$. Für hinreichend kleines $r > 0$ liegt also eine auf der punktierten Umgebung $B'_r(0)$ holomorphe
Funktion f vor, welche die Werte $0, 1$ auslässt.

Schritt 2. Es sei z_0 eine wesentliche Singularität. Dann liefert der Satz von Casorati-Weierstraß 3.5.3 eine Folge $\zeta_n \to 0$ mit $f(\zeta_n) \to 0$, wobei wir uns auf monoton fallendes $r_n = |\zeta_n| < r/2$ beschränken dürfen. Damit definiert

$$f_n : \{z : 0 < |z| < 2\} \to \mathbb{C}, \quad z \mapsto f(\zeta_n z),$$

eine Folge holomorpher Funktionen, welche die Werte 0 und 1 auslässt und daher nach dem Montel'schen Fundamentalkriterium (Satz 8.3.1) *normal* ist. Da wegen $f_n(1) \to 0$ keine Teilfolge lokal-gleichmäßig gegen ∞ divergieren kann, existiert eine lokal-gleichmäßig konvergente Teilfolge, ohne Einschränkung sei dies die Folge f_n selbst. Es gibt also ein $M > 0$, so dass für alle n

$$\max_{|z|=r_n} |f(z)| = \max_{|z|=1} |f_n(z)| \leq M.$$

Damit gilt nach dem Maximumprinzip

$$\max_{r_n \leq |z| \leq r_1} |f(z)| \leq M \qquad (n > 1).$$

Der Grenzübergang $n \to \infty$ liefert schließlich $|f(z)| \leq M$ für $z \in B'_{r_1}(0)$. Nach dem Riemann'schen Hebbarkeitssatz 3.5.2 ist $z_0 = 0$ daher ein hebbare Singularität; dies ist ein Widerspruch zur Ausgangsannahme über z_0. $\qquad \square$

Als Kontraposition des Satzes erhalten wir: In der punktierten Umgebung einer wesentlichen Singularität nimmt eine meromorphe Funktion jeden Wert in $\hat{\mathbb{C}}$ mit höchstens zwei Ausnahmen an. Durch Betrachtung einer Folge punktierter Umgebungen, die sich auf die wesentliche Singularität zusammenziehen, gelangen wir schließlich sofort zu folgender Fassung des großen Satzes von Picard:

Korollar 8.5.3 (Großer Satz von Picard) *In einer punktierten Umgebung einer wesentlichen Singularität nimmt eine meromorphe (holomorphe) Funktion jeden (endlichen) Wert aus der erweiterten Ebene $\hat{\mathbb{C}}$ – mit höchstens zwei Ausnahmen (einer einzigen Ausnahme) – unendlich oft an. Solche Ausnahmen heißen Picard'sche Ausnahmewerte der Funktion.*

Ganze transzendente Funktionen (für die $z_0 = \infty$ nach Korollar 3.5.6 eine wesentliche Singularität ist) besitzen also maximal *einen* Picard'schen Ausnahmewert.

8.6   Aufgaben

1. Es sei $U \subset \mathbb{C}$ ein Gebiet und $M > 0$. Zeige: $\{f \in H(U) : |f| \leq M\}$ ist normal.

2. Zeige: Die Folge $f_n(z) = n + nz^2/2$ ist in $\mathbb{E}$ normal, nicht aber die Folge f_n'.

3. Zeige: Die Familie der konstanten Funktionen ist normal in $\mathbb{C}$.

4. Zeige: Sind $\mathcal{F}$ und $\mathcal{G}$ normale Familien, so ist auch $\mathcal{F} \cup \mathcal{G}$ normal.

5. Zeige: Für $\mathcal{F} \subset H(U)$ sei $\mathcal{F}' = \{f' : f \in \mathcal{F}\}$ lokal beschränkt. Dann ist $\mathcal{F}$ normal.

6. Zeige: $\mathcal{F} = \{f \in H(U) : \operatorname{Re} f > 0\}$ ist eine normale Familie.

7. Zeige: $f \in H(\mathbb{C})$ ist Yosida-Funktion genau dann, wenn $\{f(\cdot + w) : w \in \mathbb{C}\}$ normal ist. Folgere, dass $f(z) = \exp(z)$ eine Yosida-Funktion ist.

8. Zeige: $f \in H(\mathbb{C})$ ist genau dann *keine* Yosida-Funktion, wenn es $z_n \in \mathbb{C}$, $\rho_n \searrow 0$ und eine nichtkonstante Yosida-Funktion g gibt mit

$$f(z_n + \rho_n z) \to g(z) \quad \text{lokal-gleichmäßig auf } \mathbb{C}.$$

Folgere, dass $f(z) = \exp(z^2)$ keine Yosida-Funktion ist.

9. Zeige: Eine Familie $\mathcal{F}$ von linearen Funktionen ist genau dann nicht normal um $z = 0$, wenn es in $\mathcal{F}$ eine Folge $f_n(z) = a_n z + b_n$ mit $a_n \to \infty$ und $b_n/a_n \to 0$ gibt.

10. Zeige: $f \in H(\mathbb{C})$ ist genau dann *nichtlinear*, wenn es $z_n \in \mathbb{C}$, $\rho_n \searrow 0$ und $\lambda \in S^1$ gibt mit

$$f(z_n + \rho_n z) - f(z_n) \to \lambda z \quad \text{lokal-gleichmäßig auf } \mathbb{C}.$$

Hinweis: [31, S. 109f].

11. Zeige, dass die Kriterien für Normalität aus Satz 8.2.3 und Korollar 8.2.5 auch *notwendig* sind.

12. Begründe, warum Korollar 8.2.5 folgendes Kriterium von Royden verallgemeinert:

Die Familie $\mathcal{F} \subset H(U)$ ist normal um $z_0 \in U$, falls es eine monoton wachsende reelle Funktion h gibt, so dass für jedes z aus einer Umgebung von z_0 gilt

$$|f'(z)| \leq h(|f(z)|) \qquad (f \in \mathcal{F}).$$

13. Zeige: Die auf einem Bereich U holomorphen Lösungen $w(z)$ der Differentialgleichung $w' = e^{-w^2}/(w + 1)$ bilden eine normale Familie.

14. Zeige, dass der kleine Satz von Picard äquivalent ist zu folgender Aussage:

Für $f, g \in H(\mathbb{C})$ mit $e^f + e^g = 1$ sind f und g konstant.

15. Es seien $f, g \in H(\mathbb{C})$ und $h = e^f + e^g$. Zeige: Entweder ist h nullstellenfrei und $f - g$ eine Konstante, oder h besitzt unendlich viele Nullstellen. Finde gute Beispiele.

16. Zeige, dass sich Fundamentalkriterium und kleiner Satz von Picard nicht auf das Auslassen eines einzigen Werts verallgemeinern lassen.

17. Zeige: Es gebe $\varepsilon, M > 0$, so dass jedes $f \in \mathcal{F} \subset H(U)$ zwei f-abhängige Werte a_f, b_f mit $|a_f|, |b_f| \leq M$ und $|a_f - b_f| \geq \varepsilon$ auslasse. Dann ist $\mathcal{F}$ normal.
Hinweis: Betrachte die Funktionen $g(z) = (f(z) - a_f)/(b_f - a_f)$.

18. *Rechercheaufgabe:* Beweise, dass ganze Yosida-Funktionen vom exponentiellen Typ sind.

19. Bestimme die Julia-Menge linearer Funktionen und zeige hier den Satz von Baker.

20. Zeige: Für die spezielle Implikation $(N_\mathbb{C}) \Rightarrow (K)$ reicht bereits Bedingung (P2).

21. Definiere $\langle f, U \rangle \in \mathcal{P}$, wenn $f = g''$ für ein auf U schlichtes g. Zeige: Es gilt (K), aber für kein U ist (N_U) erfüllt. Welche der Bedingungen (P1)–(P3) ist verletzt?
Hinweis: Nach dem Randprinzip ist $g_n(z) = n(z + z^2/10 + z^3/10)$ schlicht auf $\mathbb{E}$.

22. Definiere $\langle f, U \rangle \in \mathcal{P}$, wenn $|f(z)| \leq |f'(z)|$ auf U und $0 \in f(U)$. Zeige: Für kein U ist (N_U) erfüllt, aber es gilt (K). Welche der Bedingungen (P1)–(P3) ist verletzt?

23. Betrachte folgende zusätzliche Bedingung an eine Eigenschaft $\mathcal{P}$:
    (P4)   Für $\langle f, U \rangle \in \mathcal{P}$ und $w \in \mathbb{C}$ gilt $\langle f + w, U \rangle \in \mathcal{P}$.
    Zeige unter den Voraussetzungen (P1)–(P4): $\langle id, \mathbb{C} \rangle \notin \mathcal{P} \Leftrightarrow$ (K).
    Hinweis: Benutze die Charakterisierung *nichtlinearer* $f \in H(\mathbb{C})$ aus Aufgabe 10.

24. Es sei $M > 0$. Zeige mit dem Satz von Zalcman die Normalität der Familie

$$\mathcal{F} = \left\{ f \in H(U) : \int_U |f'(z)|^2 \, dx dy \leq M \right\}.$$

Hinweis: Benutze den Zugang aus Aufgab 23, um (K) nachzuweisen.

25. Es sei $f \in H(\mathbb{C})$ periodisch. Zeige: f besitzt unendlich viele Fixpunkte.

26. Es seien $f \in H(\mathbb{C})$, p nichtkonstantes Polynom. Zeige: pe^f nimmt jeden Wert an.

27. $f \in H(\mathbb{C})$ nehme zwei Werte nur endlich oft an. Zeige: f ist ein Polynom.

28. Verschärfe das Fundamentalkriterium: Für Werte $w_0 \neq w_1$ und $m \in \mathbb{N}_0$ ist die Familie

$$\mathcal{F} = \{ f \in H(U) : f \text{ lässt } w_0 \text{ aus und nimmt } w_1 \text{ höchstens } m\text{-mal in } U \text{ an} \}$$

normal im Gebiet U.
Hinweis. Betrachte $w_0 = 0$, $w_1 = 1$. Wie viele Werte lässt dann $g = \sqrt[m+1]{f}$ für $f \in \mathcal{F}$ aus?

29. Zeige: Für $n \geq 3$ und ein nichtverschwindenes Polynom p vom Grad $\leq n - 2$ sind ganze Lösungen der Gleichung $f^n + g^n = p$ konstant. Was gilt für Polynomgrad $n - 1$?

30. Bestimme die Picard'schen Ausnahmewerte der meromorphen Funktion $\tan z$.

Notation

$A \subset B$ Teilmengenbeziehung *inklusive* Gleichheit

$\overline{A}$ topologischer Abschluss der Menge A

$\overline{z} = x - iy$ zu $z = x + iy$ konjugiert komplexe Zahl

$n^{\underline{k}} = n(n-1)\cdots(n-k+1)$

$B_r(\zeta) = \{z \in \mathbb{C} : |z - \zeta| < r\}$ (grundsätzlich $r > 0$)

$B'_r(\zeta) = B_r(\zeta) \setminus \{\zeta\}$

$\overline{B}_r(\zeta) = \{z \in \mathbb{C} : |z - \zeta| \leq r\}$

$\partial B_r(\zeta) = \{z \in \mathbb{C} : |z - \zeta| = r\}$ (auch: Weg $\gamma(\theta) = \zeta + re^{i\theta}, 0 \leq \theta \leq 2\pi$)

$H(U) = \{f : U \to \mathbb{C} : f \text{ holomorph}\}$ wobei $U \subset \mathbb{C}$ Bereich

$\partial_x = \frac{\partial}{\partial x}$

$\partial = \frac{1}{2}\left(\partial_x - i\,\partial_y\right)$

$\overline{\partial} = \frac{1}{2}\left(\partial_x + i\,\partial_y\right)$

$\mathbb{C}^\times = \{z \in \mathbb{C} : z \neq 0\}$

$\mathbb{C}^- = \mathbb{C} \setminus (-\infty, 0]$

$\mathbb{E} = \{z \in \mathbb{C} : |z| < 1\}$

$\mathbb{E}^\times = \{z \in \mathbb{E} : z \neq 0\}$

$S^1 = \partial\mathbb{E} = \{z \in \mathbb{C} : |z| = 1\}$

$\mathbb{H} = \{z \in \mathbb{C} : \operatorname{Im} z > 0\}$

$\mathbb{T} = \{z \in \mathbb{C} : \operatorname{Re} z > 0\}$

$[z_0, z_1] = $ Weg $\gamma : [0, 1] \to \mathbb{C}, t \mapsto (1-t)z_0 + tz_1$

$[\gamma] = \gamma([a, b])$

$\int_\gamma f(z)\,dz = \int_a^b f(\gamma(t))\,\gamma'(t)\,dt$

$L(\gamma) = \int_a^b |\gamma'(t)|\,dt$

$\|f\|_\gamma = \max_{z \in [\gamma]} |f(z)|$

$\operatorname{dist}(z, \gamma) = \min_{\zeta \in [\gamma]} |z - \zeta|$

$M(r) = \max_{|z|=r} |f(z)|$

© Springer International Publishing AG, CH 2016

F. Bornemann, *Funktionentheorie*, Mathematik Kompakt, DOI 10.1007/978-3-0348-0974-0

$A(r) = \max_{|z|=r} \operatorname{Re} f(z)$

$K \subset\subset U$ kompakte Teilmenge

∂K Randzyklus eines einfach berandeten $K \subset\subset U$

$M(U) = \{f : U \to \mathbb{C} : f \text{ meromorph}\}$

$[z^n] f(z) = a_n$ für $f(z) = \sum_{n=0}^{\infty} a_n z^n$

$U \setminus \Gamma = U \setminus [\Gamma]$

$\operatorname{ind}_\Gamma(z) = \frac{1}{2\pi i} \int_\Gamma \frac{d\zeta}{\zeta - z}$

$\operatorname{Int} \Gamma = \{z \in \mathbb{C} \setminus \Gamma : \operatorname{ind}_\Gamma(z) \neq 0\}$

$\operatorname{Ext} \Gamma = \{z \in \mathbb{C} \setminus \Gamma : \operatorname{ind}_\Gamma(z) = 0\}$

$\operatorname{res}_z f = (2\pi i)^{-1} \int_{\partial B_r(z)} f(\zeta)\, d\zeta \quad (r > 0 \text{ hinreichend klein})$

$[A] = 1$, falls A wahr; 0 sonst

$N_f(w, K) = $ Anzahl der w-Stellen von f in K

$N_f(\infty, K) = $ Anzahl der Polstellen von f in K

$\csc z = 1/\sin z \quad (\text{Kosekans})$

$\Gamma(z) \quad$ Gammafunktion

$\psi(z) = \Gamma'(z)/\Gamma(z) \quad (\text{Digammafunktion})$

$\operatorname{id}(z) = z$

$f : U \xrightarrow{\sim} U' \quad f$ bildet U biholomorph auf U' ab

$\hat{\mathbb{C}} = \mathbb{C} \cup \{\infty\}$

$(z, z_1, z_2, z_3) = \frac{z - z_1}{z - z_3} : \frac{z_2 - z_1}{z_2 - z_3}$

$T_M(z) = \frac{az + b}{cz + d}$ für $M = \begin{pmatrix} a & b \\ c & d \end{pmatrix}$

$\Phi_w(z) = \frac{z - w}{\bar{w} z - 1}$

$\Psi_w(z) = \frac{z - w}{z - \bar{w}}$

$\operatorname{GL}_2(\mathbb{K}) = \{M \in \mathbb{K}^{2 \times 2} : \det M \neq 0\}$

$\operatorname{SL}_2(\mathbb{K}) = \{M \in \mathbb{K}^{2 \times 2} : \det M = 1\}$

$\operatorname{PGL}_2(\mathbb{K}) = \operatorname{GL}_2(\mathbb{K})/\mathbb{K}^\times$

$\operatorname{PSL}_2(\mathbb{K}) = \operatorname{GL}_2(\mathbb{K})/\{\pm I\}$

$J(z) = (z + z^{-1})/2 \quad (\text{Žukovskij-Transformation})$

$\mathbb{G} = \mathbb{H} \cup (-1, 1) \cup -\mathbb{H} = \mathbb{C} \setminus \{x \in \mathbb{R} : |x| \geq 1\}$

$f^{\#}(z) = \frac{|f'(z)|}{1 + |f(z)|^2}$

$\mathcal{F}^{\#} = \{f^{\#} : f \in \mathcal{F}\}$

$\langle f, U \rangle \in \mathcal{P} \quad (f$ hat auf dem Gebiet U die Eigenschaft $\mathcal{P})$

$f^{[n]} = \underbrace{f \circ \cdots \circ f}_{n\text{-fach}}$

Literatur

1. Mark J. Ablowitz, Athanassios S. Fokas, *Complex Variables: Introduction and Applications*, 2. Aufl. (Cambridge University Press, Cambridge, 2003)

2. Lars V. Ahlfors, *Complex Analysis*, 3. Aufl. (McGraw-Hill, New York, 1979)

3. Daniel Alpay, *A Complex Analysis Problem Book* (Birkhäuser, Basel, 2011)

4. Michele Audin, *Fatou, Julia, Montel: The Great Prize of Mathematical Sciences of 1918, and beyond* (Springer, Heidelberg, 2011)

5. Joseph Bak, Donald J. Newman, *Complex Analysis*, 3. Aufl. (Springer, New York, 2010)

6. Alan F. Beardon, *Complex Analysis: The Argument Principle in Analysis and Topology* (Wiley, Chichester, 1979)

7. Walter Bergweiler, *Periodic points of entire functions: proof of a conjecture of Baker*, Complex Variables Theory Appl. **17**, 57–72 (1991)

8. Walter Bergweiler, *A new proof of the Ahlfors five islands theorem*, J. Anal. Math. **76**, 337–347 (1998)

9. Folkmar Bornemann, Accuracy and stability of computing high-order derivatives of analytic functions by Cauchy integrals, Found. Comput. Math. **11**, 1–63 (2011)

10. Umberto Bottazzini, *The Higher Calculus: A History of Real and Complex Analysis from Euler to Weierstrass* (Springer, New York, 1986)

11. Umberto Bottazzini, Jeremy Gray, *Hidden Harmony—Geometric Fantasies: The Rise of Complex Function Theory* (Springer, New York, 2013)

12. Constantin Carathéodory, *Funktionentheorie I*, 2. Aufl. (Birkhäuser, Basel, 1960)

13. John D. Dixon, *A brief proof of Cauchy's integral theorem*, Proc. Amer. Math. Soc. **29**, 625–626 (1971)

14. Wilhelm Forst, Dieter Hoffmann, *Funktionentheorie erkunden mit Maple*, 2. Aufl. (Springer, Berlin, 2012)

15. Wolfgang Fischer, Ingo Lieb, *Funktionentheorie*, 9. Aufl. (Vieweg, Braunschweig, 2005)

16. Walter K. Hayman, *Meromorphic Functions* (Clarendon Press, Oxford, 1964)

17. Peter Henrici, *Applied and Computational Complex Analysis 1* (Wiley, New York, 1974)

18. Klaus Jänich, *Funktionentheorie*, 6. Aufl. (Springer, Berlin, 2004)

19. Eugen Jahnke, Fritz Emde, *Tafeln höherer Funktionen/Tables of Higher Functions*, 7. Aufl. (Teubner, Stuttgart, 1966)

20. Klaus Lamotke, *Riemannsche Flächen*, 2. Aufl. (Springer, Berlin, 2009)

21. Serge Lang, *Complex Analysis*, 4. Aufl. (Springer, New York, 1999)

22. Peter D. Lax, Lawrence Zalcman, *Complex Proofs of Real Theorems* (American Mathematical Society, Providence, 2012)

23. Donald E. Marshall, Steffen Rohde, *Convergence of a variant of the zipper algorithm for conformal mapping*, SIAM J. Numer. Anal. **45**, 2577–2609 (2007)

24. David Minda, Yosida functions, in *Lectures on complex analysis (Xian, 1987)* (World Sci. Publishing, Singapore, 1988), S. 197–213

25. Tristan Needham, *Visual Complex Analysis* (Oxford University Press, New York, 1997)

26. Frank W.J. Olver, Daniel W. Lozier, Ronald F. Boisvert, Charles W. Clark (Hrsg.), *NIST Handbook of Mathematical Functions* (Cambridge University Press, Cambridge, 2010)

27. Reinhold Remmert, Georg Schumacher, *Funktionentheorie 1*, 5. Aufl. (Springer, Berlin, 2002)

28. Reinhold Remmert, Georg Schumacher, *Funktionentheorie 2*, 3. Aufl. (Springer, Berlin, 2007)

29. Walter Rudin, *Reelle und komplexe Analysis*, 2. Aufl. (Oldenbourg, München, 2009)

30. Donald Sarason, *Complex Function Theory*, 2. Aufl. (American Mathematical Society, Providence, 2007)

31. Joel L. Schiff, *Normal Families* (Springer-Verlag, New York, 1993)

32. Rami Shakarchi, *Problems and Solutions for Complex Analysis* (Springer, New York, 1999)

33. Frank Smithies, *Cauchy and the Creation of Complex Function Theory* (Cambridge University Press, Cambridge, 1997)

34. John Stillwell, *Mathematics and Its History*, 3. Aufl. (Springer, New York, 2010)

35. Jean-Luc Verley, *Die analytischen Funktionen*, in *Geschichte der Mathematik 1700–1900*, hrsg. von Jean Dieudonné (Vieweg, Braunschweig, 1985), S. 134–170

36. Elias Wegert, *Visual Complex Functions – An Introduction with Phase Portraits* (Birkhäuser, Basel, 2012)

37. Herbert S. Wilf, *generatingfunctionology*, 3. Aufl. (A K Peters, Wellesley, 2006)

38. Lawrence Zalcman, *Normal families: new perspectives*, Bull. Amer. Math. Soc. **35**, 215–230 (1998)

Index

Printed in the United States
By Bookmasters